高等职业教育建筑设计类专业系列教材

建筑装饰设计原理与实务

（MOOC版）

孙来忠　王娟丽　王　乐　编
李君宏　审

机械工业出版社
CHINA MACHINE PRESS

本书的编写力求概念准确清楚，理论简明扼要，重点突出，体现内容的连贯性和实用性，并切实结合相关案例，使广大读者更深刻地理解专业理论知识，以指导工程实践。本书通过专题的解析模式，以及装饰设计实务章节，着重培养学生的方案设计和实际操作能力，以便全面把握设计中的重点和设计思路。

本书可作为高职院校建筑装饰工程技术和建筑室内设计等相关专业的教学用书，也可作为建筑装饰行业相关人员的参考用书。

本书同时建设了在线课程，学习者可登录“学银在线”，搜索本书名或作者，进行线上课程学习。

为方便教学，本书配有电子课件、自测试卷及答案、实务案例等丰富的资源，凡使用本书作为教材的教师可登录机工教育服务网 www.cmpedu.com 注册下载。咨询邮箱：cmpgaozhi@sina.com。咨询电话：010-88379375。

图书在版编目（CIP）数据

建筑装饰设计原理与实务 / 孙来忠，王娟丽，王乐编 .—北京：机械工业出版社，2020.4（2024.2 重印）
高等职业教育建筑设计类专业系列教材
ISBN 978-7-111-65522-0

Ⅰ. ①建… Ⅱ. ①孙… ②王… ③王… Ⅲ. ①建筑装饰—建筑设计—高等职业教育—教材 Ⅳ. ① TU238

中国版本图书馆 CIP 数据核字（2020）第 076217 号

机械工业出版社（北京市百万庄大街 22 号　邮政编码 100037）
策划编辑：常金锋　责任编辑：常金锋　佟　凤
责任校对：梁　静　封面设计：鞠　杨
责任印制：刘　媛
涿州市般润文化传播有限公司印刷
2024 年 2 月第 1 版第 3 次印刷
210mm × 285mm · 9 印张 · 279 千字
标准书号：ISBN 978-7-111-65522-0
定价：49.00 元

电话服务　　　　　　　　　　网络服务
客服电话：010-88361066　机　工　官　网：www.cmpbook.com
　　　　　010-88379833　机　工　官　博：weibo.com/cmp1952
　　　　　010-68326294　金　书　网：www.golden-book.com
封底无防伪标均为盗版　　机工教育服务网：www.cmpedu.com

前　言 | PREFACE

本书根据高等职业院校的教育教学特点编写而成，适用于高职院校建筑设计技术、建筑装饰工程技术、建筑室内设计、环境设计等相关专业的教学。

本书在编写中力求概念准确清楚，理论简明扼要，突出重点，体现内容的连贯性和实用性，并切实结合相关工程案例、教学视频、教学 PPT 和实务项目，以建筑室内功能—空间—界面—造型—色彩—材料—照明—陈设为主线来组织内容，使广大读者能更深刻地理解专业理论知识，更好地结合设计实务训练去进行实际工程实践。通过专题的解析模式，着重培养读者的方案设计能力，以及全面把握设计中的重点和思路的能力。

课时建议表如下，具体实行按任课教师具体计划进行。

教学单元	课程内容	学时分配		
		总学时	理论教学	实践教学
第 1 章	建筑装饰概论	4	4	0
第 2 章	室内空间组织和界面处理	8	4	4
第 3 章	室内装饰造型	6	4	2
第 4 章	室内装饰色彩	10	4	6
第 5 章	室内装饰材料	12	4	8
第 6 章	室内装饰照明	10	4	6
第 7 章	室内装饰的绿化和水体	8	4	4
第 8 章	室内装饰陈设	8	4	4
第 9 章	家装空间装饰设计实务	14	4	10
第 10 章	公装空间装饰设计实务	14	6	8
合计		94	42	52

本书编者是从事多年设计专业理论教学工作，以及参与过相关设计工程实践的教师，包括：甘肃建筑职业技术学院孙来忠（编写第 6、7、8、10 章）、甘肃建筑职业技术学院王娟丽（编写第 3、5、9 章）、兰州文理学院王乐（编写第 1、2、4 章）。

本教材由甘肃建筑职业技术学院李君宏主审。编者对审稿人及为本书做了各方面工作的同行们表示衷心感谢！

本书如有不妥之处，恳请使用本书的教师及读者多加指教（QQ:383388916）。

编　者

目　录 | CONTENTS

第 1 章　建筑装饰概论 | CHAPTER 1

学习目标：通过对本章的学习，了解室内装饰设计的含义和分类；熟悉装饰设计的方法和程序步骤；掌握装饰设计的内容和要点。

学习要求：

能力目标	知识要点	相关知识	权重
理解能力	装饰设计的含义和分类装饰设计风格	装饰设计风格	30%
掌握能力	装饰设计的方法和程序步骤	装饰设计的方法	30%
应用能力	装饰设计的内容和要点	装饰设计的内容和要点	40%

1.1　概述

1.1.1　基本概念

人的一生，绝大部分时间是在室内度过的，因此，人们设计创造的室内环境，必然会直接关系到室内生活的质量，关系到人们的安全、健康、舒适、效率等。

室内装饰或装潢、室内装修、室内设计是人们常用的说法，但这些词的内在含义实际上是有区别的。

1. 室内装饰或装潢

装饰和装潢原义是指“器物或商品外表”的“修饰”，着重从外表的、视觉艺术的角度来探讨和研究问题。例如对室内地面、墙面、顶棚等各界面的处理，装饰材料的选用，也可能包括对家具、灯具、陈设和小品的选用、配置和设计。

室内装修有最终完成的含义，室内装修着重于工程技术、施工工艺和构造做法等方面，顾名思义主要是指土建工程施工完成之后，对室内各个界面，门窗、隔断等最终的装修工程。

2. 建筑室内设计

建筑室内设计是综合的室内环境设计，它既包括视觉环境和工程技术方面的问题，也包括声、光、热等物理环境以及氛围、意境等心理环境和文化内涵等内容。

3. 装修设计

装修设计主要以方案设计的形式，形成一整套的设计文件。家庭装修房主通过对方案设计的审查，最后确定家庭装修的用材、施工方法及达到的标准，室内装饰设计是根据建筑物的使用性质、所处环境和相应的标准，运用物质技术手段和建筑美学原理，创造功能合理、舒适优美、能满足人的物质和精神生活需要的室内环境，它是建筑物与人类之间、精神文明与物质文明之间起连接作用的纽带。

4. 建筑装饰的概念

所谓建筑装饰，是指以美化建筑及其空间为目的的行为。

建筑装饰具有保护建筑结构构件，美化建筑及建筑空间，改善建筑室内外环境，营造建筑空间风格，满足人们物质需求和精神需求等多方面的功能。

建筑装饰必须具有装饰建筑物、美化其环境的功能，建筑与装饰艺术之间是一个完整不可分割的统一体。

5. 建筑装饰设计的含义

装饰设计是根据建筑物的使用性质、所处环境和相应标准，运用物质技术手段和建筑美学原理，创造功能合理、舒适优美、满足人们物质生活和精神生活需要的空间环境。这一空间环境既具有使用价值，能满足相应的功能要求，同时也反映了历史文脉、建筑风格、环境气氛等精神因素。

1.1.2 建筑装饰的特性、作用、任务和功能

1. 建筑装饰的特性

建筑装饰艺术具有环境性、从属性、空间性、工程性、综合性等特性。

1）建筑装饰的环境性。环境性主要体现在形态、造型、结构、气氛、质地、明暗、色彩等方面的关系上。

2）建筑装饰的从属性。从属性指从属于建筑和建筑空间，它服务于建筑造型、建筑空间意境及气氛，并且起到强调重点、渲染效果的作用。

3）建筑装饰的空间性。空间性是就建筑装饰的空间关系而言的，建筑装饰艺术的主要目的和机能在于装饰，在于创造理想的、具有审美意义的、与视觉特质有关的建筑空间形象。

4）建筑装饰的工程性。工程性是指装饰设计完成后，还必须经过施工才能实现，这就不可避免地受到技术、材料等客观因素的制约，也必然与它的施工工艺、材料的选择运用相联系。另外，还需要做结构计算、施工方案设计、编制经费预算等。

5）建筑装饰的综合性。建筑装饰是一门复杂的综合性学科，不仅涉及建筑学、社会学、民俗学、心理学、人体工程学、结构工程学、建筑物理学及建筑材料学等学科，还涉及家具陈设、装饰材料质地和性能、工艺美术、绿化、照明等领域。随着现代科技的发展，装饰设计将升华到全新的境界。

2. 建筑装饰设计的任务

建筑装饰设计的目的是以人为本，即为人的生活、生产活动创造美好的室内外环境，满足人们物质生活和精神生活的需要。

建筑装饰设计的基本任务是根据建筑物的使用性质和所处环境，综合运用物质技术手段，遵循形式美的法则，综合考虑使用功能、结构施工、材料设备、造价标准等多种因素，把建筑装饰的功能和艺术美有机地结合起来，创造出满足人们使用功能要求和精神功能要求的室内外环境，并使这个环境舒适化、科学化、艺术化和个性化。

3. 建筑装饰的功能

为了区分建筑装饰的功能和艺术性两个概念，我们将其功能分为物质功能、精神功能和技术功能三类。精神功能往往指建筑装饰的艺术性。

（1）物质功能

人们建造建筑的首要目的就是要满足使用功能要求，因此建筑装饰设计应充分考虑使用者的功能要求。

1）空间尺度。由于使用者的要求不同，即使同一功能的住房其空间尺度也会存在很大差异。如简易低标准的住宅和豪华的高标准别墅，其居室面积相差很大；另外，由于使用要求不同，面积随之变化。由此说明决定空间大小的首要因素是使用功能。

2）空间形状。在装饰设计中要根据空间的使用特点来对空间形式做出合理的选择，如普通教室平面形状取 6m × 6m 较适宜。另外，还要注意形状的选择标准将随着功能要求的不同而不同，如由于观看需要，体育馆的平面形状一般为椭圆形或圆形。

3）空间性质。所谓空间性质，是指房间的朝向及由此决定的通风、采光和日照条件。不同房间的功能要求不同，朝向及开窗处理也各不相同，而朝向的不同又决定了空间接口、顶棚、墙壁、地面的色彩和肌理的不同。

（2）精神功能

建筑装饰设计与人的生活息息相关，因此，建筑装饰设计要考虑供人们居住和使用该建筑对人的精

神感受产生的影响。在古代建筑中，宫殿、寺庙除了满足居住、生活等功能需要外，更注重创造庄重、威严、神秘的空间气氛，常有不合理地使用超尺度的空间、绝对对称的中轴线布局和高于常人视觉习惯的尺度现象。现代社会则要求装饰设计能给人以开阔的空间、愉悦的气氛、舒适的环境，精神功能已大不相同。由此可见，建筑装饰设计必须同时满足物质和精神两方面的要求。

在近现代公共建筑中，如坐落在天安门广场两侧的人民大会堂和国家博物馆，之所以采用对称的形式主要不在于物质功能方面的要求，而是取决于精神功能方面的要求——希望能获得庄严、雄伟的气氛。人民大会堂空间尺度巨大，不仅满足了使用功能的要求，更重要的是满足了精神方面的需求，使整个空间气氛庄严、宏伟、博大。

（3）技术功能

室内设计的技术功能主要包括通风、采光、声学、安全、消防等方面内容。自然通风是室内设计必须考虑的因素，尤其是人员比较密集的公共建筑，对此要求更高。声学问题是室内设计不可忽视的因素，要求装饰材料的选用和建筑造型的设计能够形成适宜的声音效果。

1.1.3 装饰设计的分类

根据建筑空间关系的不同，建筑装饰设计可分为建筑室外装饰设计和建筑室内装饰设计两大部分。

其中，建筑室外装饰设计又可分为建筑外部装饰设计和建筑外部环境装饰设计；室内装饰设计可根据建筑类型及其功能的设计分为居住建筑室内装饰设计、公共建筑室内装饰设计、工业建筑室内装饰设计和农业建筑室内装饰设计等。

室内空间由于使用功能的性质和特点不同，对艺术和工艺要求各有侧重，因此设计者在接受设计任务后首先应进行“功能定位”。

室内装饰设计和建筑设计类同，从大的类别来分可分为：①居住建筑室内设计；②公共建筑室内设计；③工业建筑室内设计；④农业建筑室内设计。

各类建筑中不同类型的建筑之间，还有一些使用功能相同的室内空间，例如：门厅、过厅、电梯厅、中庭、盥洗间、浴厕，以及一般功能的门卫室、办公室、会议室、接待室等。当然在具体工程项目的设计任务中，这些室内空间的规模、标准和相应的使用要求还会有不少差异，需要具体分析。

各种类型建筑室内设计的分类以及主要房间的室内设计如下：

由于室内空间使用功能的性质和特点不同，各类建筑主要房间的室内设计对文化艺术和工艺过程等方面的要求也各自有所侧重。例如，对纪念性建筑和宗教建筑等有特殊功能要求的主厅，对纪念性、艺术性、文化内涵等精神功能的设计方面的要求就比较突出；而工业、农业等生产性建筑的车间和用房，相应地对生产工艺流程以及室内物理环境的创造方面的要求较为严格。

室内空间环境按建筑类型及其功能的设计分类，其意义主要在于：设计者在接受室内设计任务时，首先应该明确所设计的室内空间的使用性质，也就是所谓的“功能定位”。这是由于室内设计造型风格的确定、色彩和照明的考虑以及装饰材质的选用，无不与所设计的室内空间的使用性质，与设计对象的物质功能和精神功能紧密联系在一起。例如，住宅建筑的室内，即使经济上有可能，也不宜在造型、用色、用材方面使“居住装饰宾馆化”，因为住宅的居室与宾馆大堂、游乐场所之间的基本功能和要求的环境氛围是截然不同的。

1.2 建筑装饰设计的内容、方法和步骤

1.2.1 建筑装饰设计的内容

建筑装饰设计的内容包括室外环境设计和室内装饰设计两个部分。根据专业和课程特点，本书重点讲述室内装饰设计部分。

1. 室外环境设计

室外环境设计主要包括建筑外部环境设计及建筑外部空间设计。它通过对建筑外部形体的再创作以

及室外环境小品的处理，使该建筑能与外部空间环境气氛相协调，更好地体现室内功能特点。室外环境包括自然山林、城市乡村、街道广场、江湖海洋等。

2. 室内装饰设计

现代室内装饰设计，也称室内环境设计，其所包含的内容与传统的室内装饰相比，涉及的面更广，相关的因素更多，内容也更为深入。

（1）室内空间环境设计

室内空间环境设计是在建筑所提供的室内空间基础上的重新组织，紧紧围绕室内空间的使用要求，在保障安全和有利于人们身心健康的前提下，对室内的使用空间、视觉空间、心理空间、流动空间、封闭空间等做出合理的安排，确定空间的形态和序列，解决各个空间的衔接、过渡、分隔等问题，创造出符合人们精神文化生活氛围的室内空间环境，满足人们对物质功能和精神功能的要求。

（2）家具与陈设设计

家具与陈设设计包括家具自身的设计和家具在室内空间的组织与布置两个方面。

家具设计是室内装饰设计的重要组成部分，家具的设计必须以满足使用方便、舒适为目标，在造型风格上与室内空间环境相协调。家具在室内空间组织与布置方面能对室内空间环境起到重要的作用。

室内陈设包括确定室内工艺品、艺术品以及相关的陈设品、装饰织物、绿化小品和水体、山石的选用与布置等。

（3）色彩设计

色彩设计是对整体环境色彩的综合考虑，色彩设计得当则可提高设计作品的效果。但色彩设计一定要考虑其时效性，即使用者对色彩感容忍的时效，也就是使用者短暂停留的场所可用大胆的配色，如商场、展览馆等。对于长期使用的场所，如居室等则不宜采用强烈对比色彩配色。

（4）照明设计

照明除实际需要的照度外，增添照明气氛也是很重要的。照明设计主要包括确定照明方式，照度分配，光色、灯具的选用。

（5）技术要素设计

技术要素设计是指在建筑装饰设计中充分运用当代科学技术的成果，包括新型的材料、结构构成和施工工艺，以及处理好通风、采暖、温湿调节、通信、消防、隔噪、视听等要素，使建筑空间环境具有安全性和舒适性。

室内装饰设计需要考虑的方面，随着社会生活发展和科技的进步，还会有许多新的内容，对于从事室内设计的人员来说，虽然不可能对所有涉及的内容全部掌握，但是根据不同功能的室内设计，也应尽可能熟悉相应的基本内容，了解与该室内设计项目关系密切、影响最大的环境因素，在设计时能主动和自觉地考虑诸项因素，也能与有关工种专业人员相互协调、密切配合，有效地提高室内环境设计的内在质量。

1.2.2 室内设计的程序步骤

室内设计根据设计的进程，通常可以分为四个阶段，即设计准备阶段、方案设计阶段、施工图设计阶段和设计实施阶段。

1. 设计准备阶段

设计准备阶段主要是接受委托任务书，签订合同，或者根据标书要求参加投标；明确设计期限并制定设计计划进度安排，考虑各有关工种的配合与协调；明确设计任务和要求，如室内设计任务的使用性质、功能特点、设计规模、等级标准、总造价，根据任务的使用性质所需创造的室内环境氛围、文化内涵或艺术风格等。

熟悉设计有关的规范和定额标准，收集分析必要的资料和信息，包括对现场的调查踏勘以及对同类型实例的参观等。在签订合同或制定投标文件时，还包括设计进度安排、设计费率标准（即室内设计收取业主设计费占室内装饰总投入资金的百分比）。

2. 方案设计阶段

方案设计阶段是在设计准备阶段的基础上，进一步收集、分析、运用与设计任务有关的资料与信息，构思立意，进行初步方案设计，深入设计，进行方案的分析比较。

确定初步设计方案，提供设计文件。室内初步方案的文件通常包括如下六种：

1）平面图，常用比例为 1：50、1：100。

2）室内立面展开图，常用比例为 1：20、1：50。

3）平顶图或仰视图，常用比例为 1：50、1：100。

4）室内透视图。

5）室内装饰材料实样版面。

6）设计意图说明和造价概算。

初步设计方案需经审定后，方可进行施工图设计。

3. 施工图设计阶段

施工图设计阶段需要补充施工所必要的有关平面布置、室内立面和平顶等图样，还需包括构造节点详细、细部大样图以及设备管线图，编制施工说明和造价预算。

4. 设计实施阶段

设计实施阶段也就是工程的施工阶段。室内工程在施工前，设计人员应向施工单位进行设计意图说明及图样的技术交底；工程施工期间需按图样要求核对施工实况，有时还需根据现场实况提出对图样的局部修改或补充；施工结束时，会同质检部门和建设单位进行工程验收。

为了使设计取得预期效果，室内设计人员必须抓好设计各阶段的环节，充分重视设计、施工、材料、设备等各个方面，并熟悉、重视与原建筑物的建筑设计、设施设计的衔接，同时还需协调好与建设单位和施工单位之间的相互关系，在设计意图和构思方面取得沟通与共识，以期取得理想的设计工程成果。

1.3 室内设计风格欣赏

这里所谓的室内设计风格，宏观上是指世界各国和地区的室内设计风貌。设计风格为从事建筑工程专业等相关的人员提供某种参考资料，作为了解和认识世界各地区建筑风格的阶梯，从而打开一扇欣赏建筑美的窗户。主要内容包括：中国传统建筑的室内风格、西方传统建筑的室内风格、现代建筑的室内风格。

不同室内风格的形成不是偶然的，它是受不同时代和地域的特殊条件，经过创造性的构想逐渐形成的，是与各民族、地区的自然条件和社会条件紧密相关的，特别是与民族特性、社会制度、生活方式、文化思潮、风俗习惯、宗教信仰等条件都有直接的关系。同时，人类文明的发展和进步是个连续不断的过程，所有新文化的出现和成长，都是以古代文明为源的。因此分析和研究传统风格的主要演变过程和它的特点，对于欣赏者将是大有裨益的。

1.3.1 中国传统的室内风格

从宏观上看，中国传统的室内风格在演变的过程中始终保持着一贯的作风，与西方世界迥异。数千年来，它不受外来文化影响而保持自己固有的色彩（图 1-1）。

中国传统的室内设计在门窗装修方面可以分为“框栏”和“格扇”两个部分。框栏是固定的，它是安装格扇的架子。普通房子多在中栏与下栏之间安装门扇，上栏与中栏之间安装横披。门窗和横披统称为格扇，它们的不同之处就是门窗可开启，而横披则是固定不动的。格扇中间有“棂子”，上面有花格图案，以菱花、方格、六角和八角等几何形状为主。

中国室内设计风格的另一特点是色彩强烈，多用原色，色不混调。中国古代建筑的彩画以梁枋等部位为主，雕梁画栋，富丽堂皇。它对建筑构件还具有保护作用。

图 1-1 中国传统风格的餐饮空间

顶棚施彩画，分为“天花”和“藻井”两种形式。天花以木条相交成方格形，上覆木板，多用蓝或绿色为底色，圆尖和岔角部分使用鲜明颜色。藻井是以木块叠成，结构复杂，色彩斑斓，是顶棚的重要部分（图 1-2）。

图 1-2 藻井

中国建筑的室内装修，从结构到装饰图案所表现的风格均显现出端庄的气度和丰华的文采。在格律构成的约束下，凡是间架的配置，图案的构成，家具的陈设，字画、玩器的摆设等均采用对称的形式和均衡的手法。这种布局是中国传统礼教精神的直接反映。另外，中国传统建筑设计常常巧妙地运用题字、字画、玩器和借景等手段，努力创造出一种含蓄而清雅的意境。这种室内设计的特质也是中国传统文化和生活修养的集中表现，是现代室内设计和布置可以借鉴的宝贵精神遗产（图 1-3）。

图 1-3 中国传统风格

1.3.2 西方传统的室内风格

1. 古代风格

西方古代风格当以古希腊和古罗马为代表，可以说，它们是西方文化的主要源头。我们可以从少数柱上看到一点粗略的轮廓（图1-4）。

图1-4 西方传统风格

2. 文艺复兴风格

文艺复兴是指公元14世纪到16世纪，以意大利为中心所展开的古代希腊、古代罗马文化的复兴运动，倡导人文主义，主张以“人”为中心，是对神权的一种反抗。它追求真理，促进了近代文明的发展，使得建筑、雕刻、绘画等艺术取得了光辉灿烂的伟大成就。

文艺复兴风格是以古希腊和古罗马风格为基础，并用新的表现手法对山形墙、檐板、柱廊等建筑的细部重新进行组织，从而获得了崭新的形式，不仅表现出稳健的气势，同时又显示出华丽的装饰效果。但此风格发展到后期有些过分堆砌，显得繁琐和杂乱，成为浪漫风格发展的前奏。

3. 浪漫风格

浪漫风格的形式是以浪漫主义精神为基础的，在造型意识上与古代风格针锋相对，势不两立。古典主义倾向于理智，形式严肃、堂正、高雅，而浪漫主义风格则倾向于热情、华丽、柔美，表现出一种动态的美感。它在家具装饰上经常使用蚌壳镶嵌，装饰中融合了自然主义的影响，所以形成了纯粹的浪漫主义形式（图1-5）。

古罗马建筑的装饰风格，反映了罗马人追求奢华生活的欲望，室内的家具和帷幔等陈设无不表现出华丽的形式。

图1-5 浪漫风格

拜占庭风格，也叫东罗马风格，此风格建筑的最大特点就是方基圆顶结构，上面装饰几何形碎锦砖，风格上既庄严而又有纤致的效果。拜占庭式家具形式基本上继承了希腊后期风格。由于当时崇尚奢华生活，家具装饰形式更为华美了。由于丝织业的兴盛，家具的衬垫装饰和室内壁挂以及帷幔等饰物得到了快速发展，部分丝织品以动物图案为装饰，明显地表露出波斯王朝的特异风格。

仿罗马式建筑，以罗马传统形式为主体，同时在装饰上融合了拜占庭风格的特色。初期多采用平顶，后期则流行十字交叉式拱顶，四角采用圆柱或方柱支撑，并以半圆拱作为两柱之间的联结。建筑上端开设半圆拱形的窗户，柱型则以方柱最为普遍。内墙均以各色小石片镶嵌装饰，成为罗马式室内的另一主要特色。

哥特式建筑（Gothic architecture）是一种兴盛于中世纪高峰与末期的建筑风格。它由罗曼式建筑发展而来，为文艺复兴建筑所继承，发源于12世纪的法国，持续至16世纪。其特色包括尖形拱门、肋状拱顶与飞拱。

巴洛克风格的特点是豪华、富丽堂皇，主要用于宫廷，以装饰奢华为主要风尚。室内墙面装饰多采用大理石、石膏灰泥和雕刻墙板制作，再装饰些华丽多彩的织物、壁毯或大型油画。高大的顶棚用精细的模塑装饰，宽敞的地面铺盖华贵的地毯。家具的造型体量很大，多采用高级的檀木、花梨木和胡桃木制作，并加以精工雕刻，如路易十四式靠椅以精致华丽的雕刻及精巧的工艺而著称于世，椅背、扶手和椅腿部分均采用涡纹雕饰，配上优美的弯腿，整体上有优雅、柔和的效果。座位和背垫均饰以高贵的锦缎等织物，色彩强烈动人（图1-6）。

图1-6　巴洛克风格

洛可可风格，亦称“路易十五”风格，它的最大特点是住宅与家具的体量与巴洛克风格相比大大地缩小了，呈现出灵巧亲切的效果。室内墙面的半圆柱或半方柱上改用花叶、尺禽、蚌纹和涡卷等雕饰所组成的玲珑框装饰。家具常以对称的优美曲线做形体的结构，雕刻精致、装饰豪华、色调淡雅而柔和，并用黑色和金色增强其对比效果。典型的洛可可风格靠椅形体低矮而舒适，采用雕饰弯腿和包垫扶手。其他如长榻、沙发、床、写字台和衣橱等家具在风格上也极其精美和华丽（图1-7）。

图1-7　洛可可风格

1.3.3　现代风格

现代风格的流派种类繁多，在现代室内设计中主要流派有平淡派、繁琐派、超现实派和现实派等。

1. 平淡派

平淡派主张，在室内设计中，空间的组织和材料的本性是至关重要的，反对装饰，认为装饰是多余的。在色彩使用上，强调清新和淡雅（图1-8）。平淡派在美国、日本和墨西哥等国盛行。曾有人批评平淡派说：“除了没有东西，还是没有东西。”

2. 繁琐派

繁琐派亦称新洛可可派，追求丰富和夸张的手法，装饰富于戏剧性，主张利用科学技术和条件，利用现代材料和技术手段达到“洛可可”的理想目的。其特点就是大量地使用光质材料，重视灯光效果，多用反光灯槽和反射板，倾向于选用新式家具和艳丽的地毯，追求高贵华丽的动感气氛（图1-9）。

图1-8 平淡派

图1-9 繁琐派

3. 超现实派

超现实派竭力追求超现实主义的纯艺术，利用虚幻的空间环境，创造室内气氛，以求猎奇。超现实派利用各种手段企图创造出现实世界中不存在的环境，其特点是空间形式奇形怪状，灯光跳动、扑朔迷离，色彩浓重，图案抽象而跃动，陈设厅常用树皮、毛皮装饰墙面。总之，以怪为美，出奇制胜（图1-10）。

图1-10 超现实派

4. 现实派

现实派注重反映建筑空间语言，并且能塑造室内情景，使生活在其中的人们得到各自所需情趣的满足，同时极大地满足人的活动方式和使用要求（图 1-11）。

图 1-11　现实派

第 2 章　室内空间组织和界面处理 | CHAPTER 2

学习目标：通过对本章的学习，了解空间的分类，熟悉室内装饰设计的空间处理；掌握其室内各个界面的设计，以及熟知设计常用尺寸。

学习要求：

能力目标	知识要点	相关知识	权重
理解能力	了解空间的分类	空间的划分 空间的功能	30%
掌握能力	室内装饰设计的空间处理、设计常用尺寸	空间处理形式及分隔 空间风格	30%
应用能力	室内各个界面的设计和艺术处理规律	界面设计手法	40%

2.1　室内空间

2.1.1　室内空间概述

对于一个具有地面、墙面、顶棚的六面的房间来说，室内外空间较容易区分；但对于不具备六面的围合空间，可以表现出多种形式的内外空间关系，有时确实难以在性质上加以区分。

1. 室内空间特性

在室内有限的空间中，人在视距、视角、方位等方面会受到一定的限制。且由于室内的采光、照明、色彩、家具等因素造成室内空间形象在人的心理上会产生比室外空间更强的感受力。

2. 室内空间的功能

室内空间的功能包括物质功能和精神功能。

物质功能——是指能否满足人们使用上的功能性需求，包括空间的面积、适合的家具、设备布置、交通组织、疏散、消防等以及科学地创造良好的采光、照明、通风、隔声、隔热等的物理环境等。

精神功能——是在满足物质需求的同时，从人的文化、心理需求出发，去满足人的不同的愿望、审美情趣、民族习俗等，使人们获得精神上的满足和美的享受。

3. 室内空间组合

室内空间组合应根据物质功能和精神功能的要求进行构思，根据当时、当地的环境，结合建筑功能要求进行整体筹划，从单个空间到群体空间的序列组织，由外到内、由内到外，反复推敲，使空间组织达到理性与感性的完美结合。

2.1.2　空间形式与构成

建筑空间的形式与结构、材料有着不可分割的联系。空间的形状、尺度、比例以及室内装饰效果，很大程度上取决于结构组织形式及其所使用的材料质地，把建筑造型和结构造型统一起来的观点，越来越被广大建筑师所接受。

1. 空间类型

空间的类型根据空间构成的特点来区分，可分为固定空间和可变空间、静态空间和动态空间、开敞空间和封闭空间、肯定空间和模糊空间、虚拟空间和虚幻空间。

（1）固定空间和可变空间

固定空间——用固定不变的界面围合而成，如居住建筑设计中的厨房、卫生间。

可变空间——用可变的界面分隔而成的空间，如升降舞台、活动墙面等。

（2）静态空间和动态空间

静态空间——空间比较封闭，构成比较单一，视觉常被引导在一个方位或落在一个点上，空间限定得十分严谨。

动态空间——流动空间，具有空间的开敞性和视觉的导向性的特点，界面组织具有连续性和节奏性，空间构成形式富有变化性和多样性，常使视点从一点转向另一点。

（3）开敞空间和封闭空间

开敞空间——具有流动的、渗透的性质，其空间表现为更多的公共性和开放性。在对景观关系上具有收纳性；在空间性格上具有开放性；在心理效果上，它有开朗的、活跃的表现。

封闭空间——具有静止的、凝滞的性质，其空间表现为更多的私密性和个体性。有利于隔绝外来的各种干扰；在心理效果上具有安全感，常有严肃的、安静的表现。

（4）肯定空间和模糊空间

肯定空间——界面清晰，范围明确、具有领域感的空间，一般私密性较强的封闭型空间常属于此类。

模糊空间——在建筑中凡属似是而非、模棱两可，而无可名状的空间。其空间具有模糊性、不定性、多义性等性质，富于含蓄性，耐人寻味，常被设计师所崇爱，多用于空间的联系、过渡、引伸等。

（5）虚拟空间和虚幻空间

虚拟空间——指在界定的空间内，通过界面的局部变化而再次限定的空间。如局部升高或降低地坪、顶棚，或以不同材质、色彩的平面变化来限定空间等。

虚幻空间——是指室内镜面反映的虚象，把人们的视线带到镜面背后的虚幻空间去，于是产生空间扩大的视觉效果，有时还能通过几个镜面的折射，造成空间的幻觉。物体紧靠镜面时，还能把不完整的物体，造成完整的物体的假象。

2. 空间的分隔与联系

空间的分隔与联系，应该处理好不同的空间关系和分隔的层次。

1）室内外空间的分隔，如入口、天井、庭院，它们与室外既分又连，体现内外结合及室内空间与自然空间的交融等。

2）内部空间之间的关系主要表现在：空间的封闭和开敞的关系；空间的静止和流动的关系；空间之间过渡的关系；空间序列的开合的组织关系；空间的开放性与私密性的关系。

3. 空间的过渡和引导

空间的过渡和过渡空间，是根据人们日常生活的需要提出来的。

过渡空间——前后空间、内外空间的媒介、桥梁、衔接体和转换点，在功能和艺术创作上，有其独特的地位和作用。过渡的形式多种多样的，有一定的目的性和规律性。

2.1.3 空间的序列

人的每一项活动都有一定的规律性或行为模式。 这就是空间序列设计的客观依据。对于更复杂的活动过程，建筑空间设计相应也要更复杂一些，在序列设计上，层次和过程也相应增多。

1. 序列的全过程

1）起始阶段——序列的开端，开端的第一印象在任何时间艺术中无不给予充分的考虑，因它与预示着将要展开的心理推测有着习惯性的联系。一般来说，具有足够的吸引力是起始阶段考虑的主要核心。

2）过渡阶段——它既是起始后的承接阶段，又是高潮的前奏。在序列中，起到承前启后的作用，是序列中关键的一环。

3）高潮阶段——全序列的中心，从某种意义来讲，其他各个阶段都是为高潮的出现服务的，因此序列中的高潮常是精华和目的所在，也是序列艺术的最高体现。

4）终结阶段——由高潮回复到平静，它虽没有高潮阶段那么重要，但也是必不可少的组成部分，良好的结束又似余音缭绕，有利于人们对高潮的追思和联想，耐人寻味。

2. 不同类型建筑对序列的要求

不同类型的建筑有不同的空间序列要求，但突破惯例有时反而能获得意想不到的效果，因此，我们既要掌握空间序列设计的普遍性，还应注意不同情况下的特殊性。影响空间序列的关键在于三方面的选择。

（1）序列长短的选择

序列的长短即反映高潮出现的快慢。高潮出现晚，层次必须增多，通过时空效应对人心理的影响必然更加深刻。因此，长序列的设计往往运用于需要强调高潮的重要性、宏伟性与高贵性的情况。

（2）序列布局类型的选择

采取何种序列布局类型，取决于建筑的性质、规模、地形环境等因素。

空间序列线路，一般可分为直线式、曲线式、循环式、迂回式和盘旋式等。

（3）高潮的选择

在某类建筑的所有房间中，总可以找出具有代表性的、反映该建筑性质特征的、集中一切精华所在的主体空间，它常常被作为高潮的选择对象，成为整个建筑的中心和参观来访者所向往的最后目的地。

3. 空间序列的设计方法

（1）空间的导向性

空间的导向性——指导人们行动方向的建筑处理，用建筑所特有的语言传递信息，与人对话。

（2）视觉中心

视觉中心——在一定范围内引起人们注意的目的物。视觉中心的设置一般是以具有强烈装饰趣味的物件为标志，因此，它既有被欣赏的价值，又在空间上起到一定的注视和引导作用。

（3）空间构图的对比与统一

在室内空间的处理上运用统一、对比的建筑构图原则。

在高潮出现以前，一切空间过渡的形式都是可能的，但是一般应以“统一”的手法为主。

紧接高潮前的过渡空间又有采取“对比”的手法，诸如，先收后放，先明后暗等，不如此不足以强调和突出高潮阶段的到来。

2.1.4 空间形态的构思和创造

随着社会的不断发展，人们对空间环境的要求也将越来越高，而空间形态是空间环境的基础，它决定空间总的效果，对空间环境的气氛，格调起到关键性的作用。室内空间的各种不同的处理手法和不同的目的要求，最终将凝结在各种形式的空间形态之中。但建筑室内空间的无限丰富性和多样性，尤其对于在不同方向、不同位置空间上的相互渗透和融合，要想找出恰当的临界范围并明确地划分出这一部分或那一部分空间，来进行室内空间形态分析是比较困难的，以下列举常见的基本空间形态。

1. 常见的基本空间形态

（1）下沉式空间

下沉式空间——室内地面局部下沉，在统一的室内的空间中就形成了一个界限明确、富有变化的独立空间。

下沉地面标高低于周围的地面，有一种隐蔽感、保护感和宁静感，使其成为具有一定私密性的小天地。人们在其中休息、交谈会倍感亲切，在其中工作或学习，也会较少受到干扰。同时，随着视点的降低，空间感觉增大，对室内外景观也会产生不同凡响的效果。

（2）地台式空间

地台式空间——与下沉式空间相反，将室内地面局部升高也能在室内产生一个边界十分醒目的明确的空间。

其功能、作用几乎和下沉式空间相反，由于地面升高形成一个台座，在和周围空间相比时变得十分醒目、突出，因此，其用途适宜于惹人注目的展示、陈列或眺望。

（3）凹室与外凸室

凹室是在室内局部退进的一种室内空间形态。凹凸是一个相对概念，如凸室空间就是一种对内部空间而言是凹室，对外部空间而言是向外凸出的空间。

由于凹室通常只有一面开敞，因此在大空间中自然比较少受干扰，形成安静的一角，有时把顶棚降低，形成清净、安全并具有亲密感的特点，是空间中私密性较高的一种空间形态。在公共建筑中常用凹室，以避免人流穿越干扰，获得良好的休息空间。

一般楼梯间和电梯间为外凸式，大部分的外凸式空间希望将建筑更好地伸向自然、水面，达到三面临空，包揽风光，使室内外空间融合在一起。

（4）回廊与挑台

回廊与挑台是室内空间独具一格的空间形态，回廊常用于门厅和休息厅，以增强其入口宏伟、壮观的第一印象和丰富垂直方向的空间层次。结合回廊，有时还常利用扩大楼梯休息平台和不同标高的挑平台，布置一定数量的桌椅作休息交谈的独立空间，并形成高低错落、生动别致的室内空间环境。由于挑台居高临下，提供了丰富的俯视视角环境。

（5）交错、穿插空间

在创作中常把室外的城市立交模式引入室内，在某些规模较大的公共空间中，人们上下活动，交错川流，俯仰相望，静中有动，不但丰富了室内景观，也给室内环境增添了生气和活跃的气氛。

赖特的流水别墅——建筑的主体部分成功地塑造出的交错式空间构图起到了极其关键的作用。

（6）母子空间

母子空间——采用大空间围隔出小空间，封闭与开敞相结合的办法。

人们在大空间中一起工作、交流或进行其他活动，有时会感到彼此干扰，缺乏私密性，空旷且不够亲切，而在封闭的小房间虽避免了上述缺点，但又会造成工作上的不便和空间沉闷、闭塞的感觉。

（7）共享空间

美国建筑师波特曼首创的共享空间，在各国享有盛誉，它以其罕见的规模和内容、丰富多彩的环境、独出心裁的手法，将内院打扮得光怪陆离、五彩缤纷。可以说，它是一个具有多种空间处理手法的综合体系。

2. 室内空间设计手法

室内空间的设计手法有如下四种：

1）结合功能需要提出新的设想。

2）结合自然条件，因地制宜。

3）结构形式的创新。

4）建筑布局与结构系统的统一与变化。

以统一柱网的框架结构为例，为了使结构体现简单、明确、合理，柱网系列是十分规则和简单的，如果完全按照柱网的进深、开间来划分房间，即结构体系和建筑布局完全对应，那么空间将会非常单调。如果不完全按照柱网来划分房间，则可以形成很多内部空间的变化。一般有下列两种方法：

1）柱网和建筑布局平行而不对应。虽然房间的划分与纵横方向的柱网平行，但不一定正好在柱网的轴线位置上，这样在建筑内部空间上会形成许多既不受柱网开间进深变化的影响，又可以生动有趣的空间。

2）柱网和建筑成角度布置。打破千篇一律的矩形平面空间，一般以与柱网成 45° 角者居多，相对方向的 45° 又形成 90° 直角，这样避免了更多锐角房间的出现。

2.1.5 室内空间构图

1. 构图要素

（1）线条

任何物体都可以找出它的线条组成，以及所表现的主要倾向。所以人们观察物体的时候总是要受到线条的驱使，并根据线条的不同形式，使人获得某些联想和某种感觉，并引起感情上的反应。

线条有两类，直线和曲线，它们反映出不同的效果。直线又分为垂直线、水平线和斜线。

1）垂直线——因其垂直向上，表示刚强有力，具有严肃的、刻板的效果，并使人感到房间较高，尤其是当住宅层高偏低时，利用垂直线形成房间较高的感觉是比较恰当的。但垂直线使用得过多，会显得单调，如果再用上一些水平线和曲线，会使僵硬得到一些软化。

2）水平线——使人感到宁静、轻松，它有助于增加房间的宽度和引起随和、平静的感觉。水平线常由室内桌椅、沙发和床形成，或由于某些家具陈设处于同一水平高度而形成，它会使空间具有开阔和完整的感觉。

如果水平线用得过多，就要增加一些垂直线，形成一定的对比关系，显得更有生气。

3）斜线——斜线最难用，它可以促使目光随其移动，但不宜过多使用。

4）曲线——曲线的变化几乎是无限的，由于曲线的形成要不断改变方向，因此，富有动感。不同的曲线表现出不同的情绪和思想，如圆的或任何丰满动人的曲线，给人以轻快柔和的感觉，有时能体现出特有的文雅、活泼、轻柔的美感，但如果使用不当也可能造成软弱无力和繁琐或动荡不安的效果。曲线的起止是有一定规律的，突然中断，会造成不完整、不舒适的感觉，它和直线是不一样的。

（2）形状和形式

立方体是一种稳定的形式，但用得过多就会单调。球体和曲线组成的空间，更能引人入胜，且由于弧形没有尽端，使空间延长而显得大一些。

在一个房间中仅有一种形式的情况是很少的，大多数室内表现为各种形式的综合，如曲形的灯罩、直线构成的沙发、矩形的地毯等。

虽然重复是达到韵律的一种方法，但过多地重复一种形式会变得无趣。

（3）图案纹样

墙纸、窗帘、地毯等，常以其图案纹样、色彩、质地而引人注目。图案纹样是千变万化的，有时它们在室内占据很大的面积，比较引人注目，用得恰当可以增加趣味，起到装饰效果，所以采用什么样的图案纹样，其形状、大小、色彩、比例与整个空间尺度也有关系，应与室内总体效果和装饰目的结合起来考虑。

2. 构图原则

在室内设计中追求个性是非常必要的，但同时有一些共性的原则还是要考虑的。

（1）协调

设计最基本的要求是协调，应将所有的设计因素和原则，结合到一起去创造协调。

一个好的设计应既不单调又不混乱。在什么地方，怎样采取有趣的变化，并不会破坏由各组成部分的协调是问题的关键，那么就要求你的变化应该是提高设计所要表现的主题和思想的气氛，而不是与之矛盾。

（2）比例

室内设计的各部分比例和尺度，局部和局部，局部和整体，在每天的生活中都会遇到，并且运用这些比例原则。

有些艺术家具有运用不同于寻常比例的经验，并且在现代设计中发现一种希望背离传统的空间关系。某些建筑师创造了不仅是愉悦的，而且是鼓舞和刺激的效果，但也有些人对比例概念并不是真正熟悉和理解，又常采用了不恰当的比例，便得不到满意的效果。

（3）平衡

当各部分的“质量”，围绕一个中心而处于安定状态时，称为平衡。

平衡令视觉感到愉快，室内的家具和其他的物体的“质量”，是由其大小、形状、色彩、质地决定的。两个物体大小相同时，一个为亮黄色，一个为灰色，则前者显得重，粗糙的表面比光滑的显得重。

当在中心两边的物体各方面均相同时，称为对称平面，这种平面具有静止和稳定性，但有时显得呆板一些；而不对称的平面则会显得活泼生动。体量上不对称时，常会利用色彩和质地来达到平衡的效果。

（4）韵律

1）连续的线条。一般，房间的设计是由许多不同的线条组成的，连续线条具有流动的性质，在室内经常用于踢脚线、装饰线条等，如画框顶和窗楣的高度一致。

2）重复。通过线条、色彩、形状、光、质地、图案或空间的重复，可以控制人们的眼睛按指定的方向运动。在室内具有明显相同的色彩、质地、图案织物等，由于对其重复使用，人们便能很快地被引导到这些物件中来，但应避免使用过多而造成单调。如果重复过多，可以通过不同的质地或图案的变化而使之不乏味。

3）放射。放射性（点对称）平衡是以中心点为中心，将各要素按照放射状进行布置，实现针对中心焦点的向心性构造。

4）渐变。通过线条、大小、形状、明暗、图案、质地、色彩的渐次变化而达到。渐变比重复更为生动和有生气。

5）交替。交替所创造的韵律，是十分自然生动的。在有规律的交替中，意外的变化也可造成一种不破坏整体的统一，它提供了有趣的变化而不影响统一。

（5）重点

室内的布置要想给人以深刻的影响，就要根据房间的性质，围绕一种预期的目的，进行有意识的突出和强调，使整个室内主次分明，重点突出，形成一个趣味中心。在一个房间内可以设置多个重点，但重点太多必然会引起混乱。

1）趣味中心的选择

这取决于房间的性质和风格，按主人的爱好来确定。

此外，房间的结构常自然地成为注意的中心，另窗口也常成为焦点，如果窗外有良好的景色，也可加以利用作为趣味中心。

2）形成重点的手法

在不平常的位置，利用不平常的陈设物，采用不平常的布置手法，方能出其不意地成为室内的趣味中心。又如，在室内光滑质地材料居多的情况下，加一片粗糙的质地的物件则会引起注意的。

2.2 室内界面处理

室内界面——即围合成室内空间的地面（楼层、地面）、侧面（墙面、隔断）和顶棚（平顶、天棚）。人们使用和感受室内空间，但通常直接看到甚至触摸到的则为界面实体。

在室内空间组织、平面布局基本确定以后，对界面实体的设计就显得非常突出。

室内界面的设计，既有功能技术要求，也有造型和美观要求。作为材料实体的界面，有界面的线形和色彩设计，材质选用和构造问题。

2.2.1 界面的要求和功能特点

1. 各类界面的共同要求

1）耐久性及使用期限。

2）耐燃及防火性能（现代室内装饰应尽量采用不燃及难燃性材料，避免采用燃烧时释放大量浓烟及有害气体的材料）。

3）无毒（指散发气体和触摸时的有害物质低于核定剂量）。
4）无害的核定放射计量（如某些地区所产的天然石材，具有一定的氡放射计量）。
5）易于制作、安装和施工，便于更新。
6）必要的隔热保温、隔声吸声性能。
7）装饰及美观要求。
8）相应的经济要求。

2. 各类界面的功能特点

1）底面（楼层、地面）——耐磨、防滑、易清洁、防静电等。
2）侧面（墙面、隔断）——挡视线，较高的隔声、吸声、保暖、隔热要求。
3）顶面（平顶、天棚）——质轻，光反射率高，较高的隔声、吸声、保暖、隔热要求。

2.2.2 界面装饰材料的选用

界面装饰材料的选用，需要考虑下述三个方面的要求。

（1）适应室内使用空间的功能性质

对于不同功能性质的室内空间，需要由相应类别的界面装饰材料来烘托室内的环境氛围。

（2）适合建筑装饰的相应部位

不同的建筑部位，相应地对装饰材料的物理、化学性能及观感等的要求也各不同。

（3）符合更新、时尚的发展需要

设计装饰后的室内环境，通常并非“一劳永逸”，是需要更新。原有的装饰材料需要有更好性能的、更为新颖美观的装饰材料来取代。

另外需要注意，室内界面处理，无论是铺或贴材料都是“加法”，但一些结构体系和结构构件的建筑室内，是可以做“减法”的，如明露的结构构件，也是一种趋势。在有地方材料的地区，选用当地材料，既可以减少运输，降低造价，又可使室内装饰具有地方特色。

界面装饰材料的选用，还应考虑便于安装、施工和更新。

现代室内装饰的发展趋势，是“回归自然”，因此室内界面装饰常适量地选用天然材料。它们亲近人的感受，易于沟通。常用的木材、石材等天然材料的性能如下：

1）木材：具有质轻、强度高、韧性好、热工性能好且手感、触感好等特点，纹理和色泽自然、优美，使人愉悦，易于着色和油漆，便于加工、连接和安装，但需注意放火和防蛀处理。

2）石材：浑实厚重，抗压强度高，耐久、耐磨性能好，纹理和色泽极为美观。其表面根据装饰效果需要，可做凿毛、烧毛、亚光、磨光镜面等多种处理，但天然石材作装饰用材时应注意材料的色差，如施工工艺不当，湿作业时常留有明显的水渍或色斑，影响美观，如花岗石、大理石。

2.2.3 室内界面处理及其感受

人们对室内环境气氛的感受，通常是综合的、整体的。既有空间形状，也有作为实体的界面。视觉感受界面的主要因素有：室内采光、照明、材料的质地和色彩、界面本身的形状、线脚和面上的图案肌理等。

1. 材料的质地

室内装饰材料的质地，根据其特性大致可分为：天然材料 / 人工材料；硬质材料 / 柔软材料；精致材料 / 粗犷材料。

如：磨光的花岗石饰面板——天然硬质精致材料；斩假石——人工硬质粗犷材料。

天然材料中，木、竹、藤、麻、棉等材料常给人以亲切感。

不同质地和表面加工的界面材料，给人的感受示例：

1）平整光滑的大理石——整洁、精密。
2）纹理清晰的木材——自然、亲切。

3）具有斧痕的假石——有力、粗犷。

4）全反射的镜面不锈钢——精密、高科技。

5）清水勾缝砖墙——传统、乡土情。

6）大面积灰砂粉刷面——平易、整体感。

2. 界面的线形

界面的线形是指界面上的图案、界面边缘、交接处的线脚以及界面本身的形状。

（1）界面上的图案与线脚

界面上的图案必须从属于室内环境整体的气氛要求，起到烘托、加强室内精神功能的作用。根据不同的场合，图案可能是具象的或抽象的，但要考虑到与室内装饰物的协调。

界面的边缘、交接以及不同材料的连接，它们的造型和构造处理，即所谓的“收头”，是室内设计中的难点之一。通常以线脚处理。界面的图案与线脚，它的花饰和纹样是室内设计艺术风格定位的重要表达语言。

（2）界面的形状

界面的形状，较多的情况下是以结构构件、承重墙柱等为依托，以结构体系构成轮廓，形成平面、拱形、折面等不同形状的界面；也可以根据室内使用功能对空间形状的需要，脱开结构层另行考虑。

（3）界面的不同处理与视觉感受

室内界面由于线形的不同划分、花饰大小的尺度各异、色彩深浅的各样配置以及采用各类材质，都会给人视觉上的不同感受。

1）线形划分与视觉感受：垂直划分——空间紧缩增高；水平划分——空间开阔降低。

2）色彩深浅与视觉感受：顶面深色——空间降低；顶面浅色——空间增高。

3）花饰大小与视觉感受：大尺度花饰——空间缩小；小尺度花饰——空间增大。

4）材料质感与视觉感受：石材、面砖、玻璃——挺拔、冷峻；木材、织物——亲切感。

2.3 室内空间界面的设计方法

2.3.1 室内界面形式

室内装修艺术主要包括室内空间的围护体、建筑局部、建筑构件造型、纹样、色彩、肌理质感等处理手法。

1. 顶棚的处理

顶棚与地面是形成空间的两个水平面，顶棚在人的上方，对空间的影响比地面大，因此顶棚处理是否得当，对整个空间起决定性作用。顶棚不仅与结构的关系密切，而且又是灯具和通风口所依附的地方，所以设计顶棚时应全盘考虑各方面的因素。

（1）显露结构式

如果结构方式和结构本身都具有美的价值，那么顶棚应采用显露结构的处理手法。这样不加或少加也能取得良好的艺术效果，如图 2-1 所示。

（2）掩盖结构式

如果结构布局缺乏表现力，结构本身又缺少美感，再加上某些特殊功能的需要（音响效果或光照条件等），那么这种顶棚就应该局部或全部把结构遮盖起来。

1）主题顶棚。人民大会堂的万人大礼堂，巨大的空间使得顶棚与墙面的交接成为难以解决的问题。界限过大给人以不亲切感，像一个巨大的仓库。为了解决这个难题，采用了“水天一色”、浑然一体的处理手法。吊顶中部成穹隆形，象征广阔无垠的宇宙空间，中间用红色有机玻璃制成五角星灯具，四周以镏金向日葵花瓣装饰，外围又有三环水波形暗槽灯照明，一环比一环大，加上纵横密布的满天星灯具和通风口，使顶棚的设计具有强烈的艺术性，如图 2-2 所示。

图 2-1　显露结构式顶棚

2）藻井式顶棚。藻井式顶棚是我国传统手法，它具有色彩明快、富丽堂皇的效果。如人民大会堂宴会厅的顶棚处理采用了渐近的手法，四周用简单的小藻井串连起来，重点衬托中部。在藻井内外以双层弧形串灯环抱中央，并用彩色底子和白石膏花装饰中央的大葵花灯。整个大厅富丽堂皇。

藻井是我国传统的装修手法，在当今的室内装修中仍被广泛使用，取得了良好的装饰效果，如图 2-3 所示。

图 2-2　人民大会堂万人大礼堂的掩盖结构式顶棚

图 2-3　藻井式顶棚

3）井口式顶棚。全国农业展览馆门厅的顶棚采用斗八藻井并装饰彩画的形式，使各部分空间界限分明，主从关系明确，大大加强空间的完整性。其具体手法是提高主要空间的高度，压低次要空间的高度，以形成井口式顶棚，使主要部分突出，如图 2-4 所示。

4）落差式顶棚。这种手法往往用于那些面积过大的顶棚。由于顶棚面积过大，容易显得松散。如果把顶棚的一部分降低，就可以产生一种集中感，如图 2-5 所示。

5）天窗式顶棚。由于功能的要求需要大面积采光，这样的顶棚可采用天窗式。采用天窗

图 2-4　井口式顶棚

式的空间不仅明亮、开朗，还能节约能源，如图 2-6 所示。

图 2-5　落差式顶棚

图 2-6　天窗式顶棚

（3）顶棚平面的分隔形式

顶棚平面的分隔形式是多种多样的，不同的分隔形式可以产生不同的气氛。

1）散点式顶棚。苏联苏维埃宫的顶棚利用整齐的散点式和均匀分布的灯具，形成一种博大的气氛，如图 2-7 所示。

2）条纹式顶棚。这种条纹式有一定的方向性，可以把人的视线引向某个确定的方向，如图 2-8 所示。

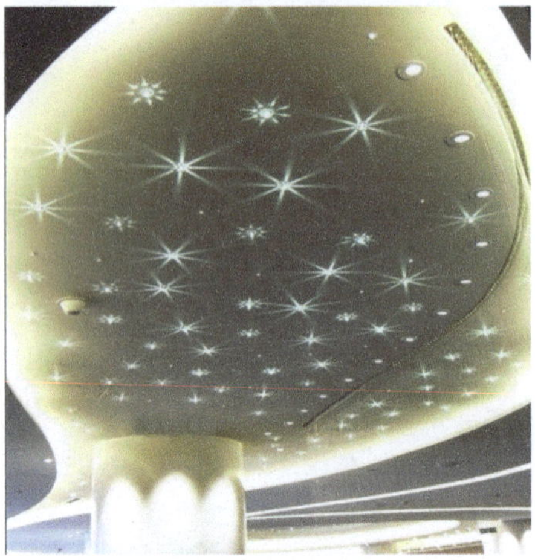

图 2-7　散点式顶棚

图 2-8　条纹式顶棚

3）几何图形顶棚。几何图形顶棚的变化很多，如条形、平行四边形、弧形、六角形、八角形等，如图 2-9 所示。

随着新材料的不断出现，顶棚的变化也越来越丰富，有金属薄板顶棚、木顶棚、塑料顶棚、石膏板顶棚以及石膏吸音装饰板、矿棉装饰吸音板等。新材料的使用使得顶棚的形式越来越简洁，而几何形的图案更适合于新材料的装修手法。

2. 墙面的处理

墙面是空间的垂直组成部分，也是构成室内空间的重要因素之一。墙面处理是否得当，对空间的完整统一和艺术气氛的影响是非常大的。

（1）墙面的形状（比例、尺度）

1）横向处理手法。为了使空间获得一种开阔博大的气氛，室内墙面应采用横向处理手法，如图 2-10 所示。

图 2-9　几何图形顶棚

图 2-10　墙面横向处理手法

为使横向过长的空间不至于产生压抑感，在横向过长的墙上又进行了纵向分隔。对于过高的空间，为了不使人产生空旷感，把过高的墙面进行横向处理，这样能使空间产生一种亲切感。

2）纵向处理。为了获得雄伟的空间效果，对墙面采用纵向处理手法，即竖线条的处理手法。对于比较低的空间应采用这种手法，如图 2-11 所示。

图 2-11　墙面纵向处理手法

（2）墙面的质感

室内墙面与人的关系十分密切。人可以用视觉去感知它，也可以用触觉去感知它。不同的材质给人的感觉不同。

材料由于其孔隙率、紧密度和软硬度不同就形成了不同的质感。如木材、织物具有明显的纤维结构，质地较疏松，导热性能低，有温暖的感觉；金属、玻璃质地紧密，表面光滑，有寒冷的感觉。

粗糙的材料（如砖、石等）具有天然而质朴的表现力；光滑的材料（如玻璃、金属、水泥和塑料等）则处处表现出工业技术的力量。在材料的设计运用中应将其自然肌理充分体现出来。

3. 地面的处理

地面和顶棚是相对应的，也是室内空间的一个重要围护面。地面最先被人的视觉感知，因此它的色彩、质地和图案能直接影响室内的气氛，而且地面还要直接承载着家具，并起到衬托作用。

（1）大理石地面

大理石质地光洁、美观，公共建筑的厅、室都可以铺大理石。大理石地面的做法是用 1：3 水泥砂浆找平，厚 20mm，上面铺大理石，对缝不超过 1mm。大理石一般规格是 300mm × 500mm，厚为 20~30mm，如图 2-12 所示。

图 2-12　大理石地面

（2）陶瓷锦砖地面（马赛克）

马赛克地面坚实、美观、不透水、耐腐蚀，是高级的地面装修材料。马赛克的规格分别为 19mm × 19mm × 4mm 和 39mm × 39mm × 4mm，产品预先贴在牛皮纸上。施工方法是在钢性垫层上做找平层，在该层上加素水泥浆与马赛克黏合，待凝结后浇水刷去表面的牛皮纸，最后用水泥浆补缝。为了美观，补缝水泥浆可用白色或彩色的。可以拼图案，如图 2-13 所示。

（3）塑料块材地面

塑料块材和卷材是一种新型的地面装修材料，其装饰效果好，耐磨无尘，表面光洁、色泽鲜艳、成本低、施工方便，规格为 300mm × 300mm × 2mm、200mm × 200mm × 2mm 或 10m 宽的卷材。以专用黏合剂粘接（聚醋酸乙烯）。

图 2-13　陶瓷锦砖地面

（4）木地面

木地面是由木板铺钉或胶合而成的地面。其优点是有弹性、不反潮、易清扫、不起尘、蓄热系数小，因此，常用于高级住宅、宾馆、剧院舞台和体育馆的比赛场地。

木地面有普通木地面、硬木地面、拼花木地面三种。从装修方法上讲，又可分为架空式和实铺式两种。

1）架空式楼地面。这种楼面木料消耗大，防火性能差，除高级装饰必须使用外，一般场合尽量少用。

2）空心板木地面。这种地面分为粘贴式木地面、单层木楼面和双层木楼面。

粘贴式木地面是将木板条企口用环氧树脂黏合剂直接粘在空心板上。

单层木楼面是在找平层上架搁栅，然后把硬木条板做在架搁栅。

双层木楼面是在木企口地板下铺一层毛板，留 10mm 的空气层。这样的地面保温性能好，并有弹性，但加工较为复杂。

木地面的拼花是较讲究的，利用木材的纹理、色泽可拼出变化丰富的图案来。

2.3.2　建筑构件的设计

1. 柱的装修艺术

柱子是室内重要的建筑构件，它在室内设计中有着举足轻重的作用。设计得好，可有画龙点睛之妙。因此，对柱子的装修应新颖、简洁、大方，充分发挥它的装饰作用。

（1）柱的截面种类

柱的截面种类可分为方柱、圆柱、矩形柱、海棠角柱、梅花角柱，还可根据空间的形状特点采用不同形式的柱子。

（2）柱的装修材料

从柱的装修材料来看，可分为大理石柱、花岗岩柱、汉白玉柱、水磨石柱、陶面砖柱、马赛克柱、木装修柱、大漆柱和沥粉描金柱等。

（3）传统柱式

传统柱式一般可分为柱头、柱身和柱基（础）三段。中国柱式一般只有柱身和柱基，因柱头部分与柱身没有什么区别，又和梁枋斗栱相交，所以柱头不明确。欧洲柱式的三段分隔较明确，具有代表性的柱头有三种，爱奥尼式、科林斯式和多立克式。埃及柱饰也较有特色，但在现代建筑中已经不用了。

（4）壁柱

壁柱一般是夹在墙中的承重柱，还有一种是非承重的假壁柱，其主要功能是划分墙面，并和室内的柱子相匹配，形成一个整体空间。

（5）装饰柱

一般室内不做装饰柱，除非有些承重柱的体量过大，占据了室内的主要空间很不美观，严重地影响了室内效果。在这种情况下，该柱可做装饰柱，这样可收到化不利为神奇的特殊功效，如图 2-14 所示。

图 2-14 装饰柱

2. 隔断、门洞、窗洞的装修

（1）隔断的形式

隔断就是分隔室内空间或室外过渡空间的室内装饰构件，分为封闭式和半封闭式。封闭式的主要构件是隔扇、花格墙；半封闭式的主要构件是屏风、屏门、博古架、落地罩、挂落等。其特点是大多可随意拆装，有很大的灵活性，可组成各种不同的空间。

隔断的装修方法分为古典式和现代式。古典式装修多采用精制的硬质木雕，并配以纱绫字画。现代式装修更加多样化，材料的选用也更广泛，可用玻璃、金属格架和木格架及钢筋混凝土花格、塑料等。

按照安装形式又将隔断可分为折叠式、推拉式、卷升式和拆装式等。

（2）隔断的功能

增加空间层次，并使空间关系互相渗透。过长的空间当中加上一个完全通透的玻璃隔断，使得空间有了层次感，如图 2-15 所示。

图 2-15 隔断

第 3 章　室内装饰造型 | CHAPTER 3

学习目标： 通过对本章的学习，了解室内装饰造型设计的相关内容；掌握造型设计的方法及造型设计的运用。

学习要求：

能力目标	知识要点	相关知识	权重
理解能力	造型要素	室内空间造型的设计 室内空间造型设计的体现 室内空间造型设计对人情绪的影响	30%
掌握能力	造型设计的方法	顶界面的装饰设计 侧界面的装饰设计 底界面的装饰设计 配套设施的装饰设计	30%
应用能力	造型设计的运用		40%

3.1　造型要素

室内空间设计即为满足人们生产、生活的要求而有意识地营造理想化、舒适化的内部环境。同时，将造型设计融入室内设计当中，使得室内空间具有设计感、新颖感，更能表达出人们想要的室内环境，并且将空间造型的作用在设计中表现出来，应用于生活当中。

1. 室内空间造型的设计

（1）空间造型的创意设计

空间造型的创意设计是指在一定的空间中，物质实体按照规则改变其原有的形态，使形体本身构成具有美感，同时满足功能和审美的要求。在这个过程中，一些抽象思维可利用形体媒介具象地体现出来，使其具有新意和创造性，体现出设计中的创意。想改变原有空间的形态，就要求设计者具备一定的创意思维与设计基础，从生活当中发现各种美好的事物、形态，从而运用到设计当中。设计的思维需要通过物质实体来表现，即刺激思维从而产生创意，空间造型为创意设计的思维提供了一个良好的展示平台。所以，空间造型与设计既相互联系又相互影响，要善于发现美，感知美，将所发现的细枝末节大量元素联系在一起，得到新的东西、新的感受。

（2）比例与尺度影响着空间造型的设计

比例和尺度在图表当中就是数据对设计的引导，使得所设计的空间造型合理化。在一个空间里，不同的比例和尺度给人的感觉不同、效果不同。因为空间的比例关系不但要合乎逻辑要求，还要满足我们的视觉感知。比如在设计期间会感受到，当相对的墙体之间很接近时，压迫感就会增大，形成一种空间的紧张度，然而适当地调整墙面的比例、尺度与样式，就会减轻紧张度和压迫感。物体的远近、尺寸的大小及造型等元素，都会影响人们的感官，也会对空间造型的实用性起到很大的作用。合理、有效地把握好空间的比例关系和尺度对室内设计中的空间造型起着十分重要的作用。

1）比例：是指空间各要素之间的数量关系，是整体和局部间存在的关系。

比例涉及局部与局部、局部与整体之间的关系。在室内设计中，比例一般是指空间、界面或陈设品本身的各部分尺寸间的关系，或者指家具与陈设等与其所处空间之间的尺度关系。不同的比例关系给人不同的心理感受。就一般常见的建筑空间，所谓空间的形状就是指长、宽、高三者的比例关系。窄而高的空间使人产生向上的感觉（图 3-1）；低而宽的空间会使人产生侧向广延的感觉，利用这种空间可以形成开阔、博大的气氛，但处理不当也可能产生压抑的感觉；细而长的空间会使人产生向前的感觉，利用这种空间可以创造一种无限深远的气氛（图 3-2、图 3-3）。

2）尺度：是指人与室内空间的比例关系所产生的心理感受。尺度则特指相对于某些已知标准或公认的常量的物体的大小。尺度与比例是时空概念的客观存在，对于设计者来讲，只有将它转换成主观的意识才具有实际的意义。这种将客观存在转换为主观意识的最终结果就是一个人尺度感的确立，其获得主要来自于人体本身尺度与客观世界物体的对比，当这种对比达到一定数量的积累时，就会使人产生对某种类型物体的固有尺度概念，从而形成某个人特有的尺度感。

图 3-1　窄而高的空间

视觉尺度：在物体与近旁或四周部件尺寸比较后所做的判断。

人体尺度：就是物体相对于人身体大小给我们的感觉。如果室内空间或空间各部件的尺寸使我们感到自己很渺小，我们就说它们缺乏人体尺度感；反之，则合乎人体尺度要求。在某些特殊情况下，可以对某些部件采用夸大的尺度，以吸引人们的注意力，形成空间环境的焦点。

图 3-2　细而长的空间

图 3-3　低而宽的空间

2. 室内空间造型设计的体现

空间造型的设计是通过点、线、面不同的组合，色、质、光不同的搭配等展示的。当设计者运用点、线、面、色、质、光等进行造型时，应注意它们之间的关系和搭配，这样才能展现出空间造型在室内设计中的作用以及所表达的主题和新意。

（1）点、线、面是室内空间造型设计的重要构成要素

1）点：是最简洁的几何形态，是视觉能感受到的最基本的元素，也是形态的基础。点作为造型要素的基础，起到形成节奏和强调的作用。在空间造型中，点的不同排列方式可以产生不同的视觉效果。小小的点往往会给整个空间带来意想不到的效果，起到画龙点睛的作用，将设计感提升到相对较高的一个层次（图 3-4、图 3-5）。

2）线：是一个重要的基本元素，可以看成是点的轨迹、面的边界以及体的转折。在空间造型的构成上，直线的造型给人带来规整、简洁之美，富有现代气息，但过多地使用直线会使人感到呆板。曲线富有变化，可使空间设计变得丰富，在室内设计中巧妙地运用曲线，会给空间带来好的效果。在空间造型中运用曲线，会使整个空间更加柔美而又充满律动感，使空间整体不失灵活（图 3-6、图 3-7）。

图 3-4 餐厅设计（点）

图 3-5 餐厅设计（点）

图 3-6 喜来登酒店内景（线）

图 3-7 楼梯中空装饰（线）

平行线：能够表达稳定与平衡，给人稳定、舒缓、安静与平和的感受；

垂直线：能表现一种与重力相均衡的状态，给人向上、崇高、坚韧和理想的感受；

斜线：可视为正在升起或下滑，暗示着一种运动，在视觉上更积极而能动的，给人以动势和不安定感；

曲线：表现出一种由侧向力所引起的弯曲运动，更倾向于表现柔和的运动。不同的曲线常给人带来不同的联想。如抛物线流畅悦目，有速度感；螺旋线有升腾感和生长感；圆弧线则有规整、稳定和向心的力量感。一般而言，在室内空间中的曲线总是比较富有变化，可以打破因大量直线而造成的呆板感。

3）面：是通过线的移动形成的，是点的面积的扩大，具有长、宽两度空间，它在空间造型中所显示出的不同形态是设计中重要的因素。面能够带给人一种范围感，它是由形成面的边界线所确定的。面的质感、色彩等要素影响到人感受的稳定感和重量感。在造型设计中适当运用，简单大方，实用性强（图 3-8）。

图 3-8 美国亚特兰大美术馆（面）

4）体：一个面沿着非自身表面的方向扩展时，即可形成体。在概念上和现实中，体量均存在于三维空间中。

体用来描绘一个体量的外貌和总体结构，一个体所特有的体形是由体量的边缘线和面的形状及内在关系决定的。

（2）色、质、光是构成室内空间造型设计的重要组成部分

首先，色彩是室内空间造型设计的重要因素。在空间造型创意设计的过程中，始终离不开人的视觉感官和心灵参与，不同颜色代表着各种不同事物及感知，色彩具有灵魂，具有内涵，是精神的侧面表现。据统计，人在室内环境空间停留的总时间约为人生总时间的 95%，室内环境空间承载了人们的生活，占据了人们的记忆，因而为了人的心理、生理健康，室内色彩设计起着重要的导向作用。

其次，是材质在设计当中的运用。室内空间造型设计的特性很大程度上受到材质的制约，不同的材质给人不同的感受和影响。在空间造型的设计中，各种材料都有特定的光泽、颜色、粗细度、纹理、冷暖度等属性，不同的属性给人带来不同的心理感受。不同的心理感受从另外一个角度来看，也是生活品质的表现，所以材质在设计当中尤为重要，正确恰当的材质选择，可以使空间造型得到一定的升华，将其表现得更加完美。材质有光亮与灰暗、细致与粗糙、松软与紧密等差别。

第三，光在室内空间造型设计中是不可或缺的。生活中存在两种光，一种是通过门窗等开放位置照射进来的自然光源。目前在我国，自然光的利用大多是满足空间明暗度及照明的需要，很少能体现出光与影的巧妙应用的作用，这是我国当代室内设计中所欠缺的。另一种是人工光源，是指运用各种灯具等发光体对室内环境进行照明的一种方法，可以人为地加以选用和调整，营造室内环境的氛围，从而表现出冷暖、远近等效果，为室内设计增添许多亮点，让室内空间造型更具灵活性、创新性，更有视觉感官性。

3. 室内空间造型设计对人情绪的影响

室内空间造型设计和人是密不可分的，两者相辅相成、互相作用。在设计中，提倡以人为本的设计理念，使设计更加人性化，既美观又实用。空间造型的设计要达到人们理想的要求，就要充分考虑到造型样式、色彩等方面对人情绪的影响。在造型样式新颖的工作环境里，能够使人在工作的同时释放压力，可以加强人对生活的向往与追求，激发人的潜能，开阔人的创造性思维，从而使生活工作都更加惬意舒适更有乐趣，使人们的心态积极向上。反之，若在空间造型比较乏味的环境中工作、生活，会使人感到枯燥，失去乐趣，久而久之心态消极，会产生一定的负面影响。不同的色彩会引起人不同的联想，从而产生不同的影响。因而会产生不同的心理效应，室内空间造型和色彩设计的恰当美观，会使室内氛围大增光彩，给人带来好的心情。

在室内设计中，设计师应研究和掌握人的心理，根据人的实际需求、生理特点、行为规律、心理变化等进行空间造型的设计。收集生活中的点滴，从生活中感受设计，从设计中体现生活，这样才能设计创造出符合人们心理需求的空间，满足人的情感和社会需求。总之，在设计中要将符合人们精神和物质的需求作为设计核心，将室内空间造型设计合理运用到生活当中。

室内设计作为一门艺术，与其他种类的艺术是息息相通的，空间造型不仅仅是室内设计的一个重要辅助点，还是生活当中精神层面的表现。在空间造型中，都是利用直观的方法或抽象的方法，通过艺术载体表达主题，使设计者与观者进行沟通。感染观者并引发其心灵的震撼，使其产生情感的共鸣，从而达到较高的造型艺术境界。要做到这一点，对于造型者来说一定要抓紧空间造型的特征，深刻理解社会、并不断增强自身的修养，以娴熟的技巧，饱含浓厚的创作激情，用“造型语言”来进行空间造型，逐步提高创作水平。

3.2 造型设计方法

1. 顶界面的装饰设计

顶界面即空间的顶部。在楼板下面直接用喷、涂等方法进行装饰的称平顶，在楼板之下另作吊顶的称吊顶，平顶和吊顶又统称顶棚。

顶界面是墙面、地面、顶棚三种界面中面积较大的界面，且几乎毫无遮挡地暴露在人们的视线之内，故能极大地影响环境的使用功能与视觉效果，必须从环境性质出发，综合各种要求，强化空间特色。它作为室内空间的一部分，其使用功能和艺术形态越来越受到人们的重视，对室内空间形象的创造有着重要的意义。

顶棚的主要功能：一是遮盖各种通风、照明、空调线路和管道；二是为灯具、标牌等提供一个可载实体；三是创造特定的使用空间和审美形式；四是起到吸声、隔热、通风的作用。

（1）影响顶棚使用功能的因素

1）顶棚作为一种功能，它表面的设计和材质都会影响到空间的使用效果。当顶棚平滑时，它能成为光线和声音有效的反射面。若光线自下面或侧面射来，顶棚本身就会成为一个广阔、柔和的照明表面。它的设计形状和质地不同，也影响着房间的音质效果。在大多数情况下，如大量采用光滑的装饰材料，就会引起反射声和混响声，因此在公共场合，必须采用具有吸声效果的顶棚装饰材料。在办公室、商店、舞厅等场所，为了避免声音的反射，采用的办法是增加吸音表面，或是使顶棚倾斜或用更多的块面板材进行折面处理。

2）顶棚的高度对于一个空间的尺度也有重要影响。较高的顶棚能产生庄重的气氛，特别是在整体设计规划时应给予足够的考虑，例如，可以高悬一些豪华的灯具和装饰物。低顶棚设计能给人一种亲切感，但过于低矮也会适得其反，使人感到压抑。低顶棚一般多用于走廊和过廊。在室内整体空间中，通过内外局部空间高低的变换，还有助于限定空间边界，划分使用范围，强化室内装饰的气氛。

3）由于灯光控制有助于营造气氛和增加层次感，所以在设计顶棚时，灯光是一个不容忽视的因素。在注意美观与实用并重的同时，设计者往往较偏重于西方后现代派的简约主义手法，即采用简练、单纯、抽象、明快的处理手法，不但能达到顶棚本身要求的照明功能，而且能展现出室内的整体美感。

4）此外，随着装饰设计和施工水平的提高，室内设计越来越强调构思新颖、独特，注重文化含量，树立以人为本的设计思想。在满足使用功能的前提下，同时也重视室内装饰新材料、新技术的开发和运用，尤其对室内顶棚装饰的细部设计和施工，精益求精，一丝不苟，将室内装饰设计和施工质量提高到一个新的高度。

（2）顶棚的设计形态对空间环境的影响

顶棚的设计一般是在原结构形式的基础上对其进行适度的掩饰与表现，以展示结构的合理性与力度美，是对结构造型的再创造。由于室内顶棚阻挡较少，能够一览无余地进入人们的视线，因而它的空间组合形式，结构造型、材质、光影、色彩以及灯饰和边线等方面，能够使人得到强烈的直观形象和造就不同的环境氛围。

顶棚的设计形态构成了空间上部的变奏音符，为整体空间的旋律和气氛奠定了视觉美感基础。例如，线形表现形式能产生明确的方向感；格子形的设计形式和有聚焦点的放射形式能产生很好的凝聚感；单坡形顶棚设计可引导人的视线从下向上移动；双坡形顶棚设计可以使人的注意力集中到中间屋脊的高度和长度上，使人产生安全的心理感受；中心尖顶的顶棚设计给人的感觉是崇高、神圣；多级形的顶棚设计会使顶棚平面与竖直墙面产生缓和过渡与连接，层次感丰富。在设计实践中，除上述的各种设计形式之外，还可以大胆采用直线、弧线、圆形、方形等点、线、面的结合，对同种材料和不同材料之间的搭配进行艺术处理，丰富了顶棚层次，达到新颖独特、富有现代感的装饰效果。

（3）顶棚装饰设计的要求

1）注意顶棚造型的轻快感。轻快感是一般室内顶棚装饰设计的基本要求。上轻下重是室内空间构图稳定感的基础，所以顶棚的形式、色彩、质地、明暗等处理都应充分考虑该原则。当然，特殊气氛要求的空间例外。

2）满足结构和安全要求。顶棚的装饰设计应保证装饰部分结构与构造处理的合理性和可靠性，以确保使用的安全，避免意外事故的发生。

3）满足设备布置的要求。顶棚上部各种设备布置集中，特别是高等级、大空间的顶棚上，通风空调、消防系统、强弱电错综复杂，设计中必须综合考虑，妥善处理。同时，还应协调通风口、烟感器、自动喷淋器、扬声器等与顶棚面的关系。

（4）顶棚的造型

顶界面的装饰设计首先涉及顶棚的造型。从建筑设计和装饰设计的角度看，顶棚的造型可分以下六大类：

1）平面式（图 3-9）：平面式顶棚的特点是顶棚表现为一个较大的平面或曲面。这个平面可能是屋顶承重结构的下表面，其表面是用喷涂、粉刷、壁纸等装饰，也可能是用轻钢龙骨与纸面石膏板、矿棉吸声板等材料做成平面或曲面形式的吊顶。有时，顶棚由若干个相对独立的平面或曲面拼合而成，在拼接处布置灯具或通风口。平整式顶棚构造简单，外观简洁大方，适用于候机室、休息厅、教室、办公室、展览厅和卧室等气氛明快、安全舒适的空间。平面式顶棚的艺术感染力主要来自色彩、质感、风格以及灯具等各种设备的配置。

2）折面式（图 3-10）：表面有凸凹变化，可以与槽口照明接合，能适应特殊的声学要求，多用于电影院、剧场及对声音有特殊要求的场所。

图 3-9　平面式

图 3-10　折面式

3）曲面式（图 3-11）：包括筒拱顶及穹隆顶，特色是空间高敞，跨度较大，多用于车站、机场等建筑的大厅等。

4）网格式（图 3-12）：由纵横交错的主梁、次梁形成的矩形格，以及由井字梁楼盖形成的井字格等，都可以形成很好的图案。在这种井格式顶棚的中间或交点，布置灯具、石膏花饰或绘彩画，可以使顶棚的外观生动美观，甚至表现出特定的气氛和主题。有些顶棚上的井格是由承重结构下面的吊顶形成的，这些井格的梁与板可以用木材制作，或雕或画，相当方便。井格式顶棚的外观很像我国古建筑的藻井。这种顶棚常用彩画来装饰，彩画的色调和图案应以空间的总体要求为依据，如餐厅可用龙凤作为图案。

图 3-11　曲面式

图 3-12　网格式

5）分层式（图 3-13）：也称叠落式，特点是整个顶棚有几个不同的层次，形成层层叠落的态势。可以中间高，周围向下叠落，也可以周围高，中间向下叠落。叠落的级数可为一级、二级或更多，高差处往往设槽口，并采用槽口照明。

6）悬吊式（图 3-14）：在承重结构下面悬挂各种折板、格栅或饰物，就构成了悬浮顶棚。采用这种顶棚往往是为了满足声学、照明等方面的特殊要求，或者为了追求某种特殊的装饰效果。在影剧院的观众厅中，悬浮式顶棚的主要功能在于形成角度不同的反射面，以取得良好的声学效果。在餐厅、茶室、商店等建筑中，也常常采用不同形式的悬浮顶棚。很多商店的灯具均以木制格栅或钢板网格栅作为顶棚的悬浮物，既是内部空间的主要装饰，又是灯具的支承点。有些餐厅、茶座以竹子或木方为主要材料做成葡萄架，形象生动，气氛十分和谐。

图 3-13　分层式

图 3-14　悬吊式

2. 侧界面的装饰设计

墙面是室内外环境构成的重要部分，它不管用“加法”或“减法”进行处理，都是陈设艺术及景观展现的背景和舞台，对控制空间序列，创造空间形象具有十分重要的作用。

（1）墙面装饰设计的作用

1）保护墙体。墙体装饰能使墙体在室内湿度较高时不易受到破坏，从而延长使用寿命。

2）装饰空间。墙面装饰能使空间美观、整洁、舒适，富有情趣，渲染气氛，增添文化气息。

3）满足要求。墙面装饰具有隔热、保温和吸声作用，能满足人们的生理要求，保证人们在室内正常的工作、学习、生活和休息。

（2）墙面装饰设计的类型

1）抹灰类装饰（图 3-15、图 3-16）。室内墙面抹灰，可分为抹水泥砂浆、白灰水泥砂浆，罩纸筋灰、麻刀灰、石灰膏或石膏，以及拉毛灰、拉条灰、扫毛灰、洒毛灰和喷涂等。石膏罩面的优点是颜色洁白、光滑细腻，但工艺要求较高。拉毛灰、拉条灰、扫毛灰、洒毛灰和喷涂等具有较强的装饰性，统称为“装饰抹灰”。

图 3-15 抹灰类装饰（住宅）

图 3-16 抹灰类装饰（餐厅）

2）贴面类装饰（图 3-17）。室内墙面的贴面类装饰，可用天然石饰面板、人造石饰面板、饰面砖、镜面玻璃、金属饰面板、塑料饰面板、木材、竹条等材料。由于贴面使用的材料不同，其视觉效果也会有很大差异。

3）涂刷类装饰。涂刷内墙面的材料有大白浆、可赛银、油漆和涂料等。

4）卷材类装饰（图 3-18）。用于装饰的卷材，主要是指塑料墙纸、墙布、丝绒、锦缎、皮革和人造革等（图 3-19）。

图 3-17 贴面类装饰（砖、镜子）

图 3-18 卷材类装饰（壁纸）

图 3-19 卷材类装饰（软包）

5）原质类装饰（图 3-20）。原质类是最简单、最朴素的装饰手段。它是利用墙体材料自身的质地而不做任何粉饰的做法。原质类装饰的材料主要有砖、石、混凝土等种类。

图 3-20　原质类装饰（砖）

6）综合类装饰。墙体的装饰在实际使用中不可能分得这么明确，有时同一墙面可能会出现几种不同的做法，但是应注意，在同一空间内的墙体做法不宜过多、过杂，且应有一种主导方法，否则容易造成空间效果无法统一。

（3）墙面设计形态对空间环境的影响

坚固、规整而对称的墙面设计，能够表达出一种规范的美感；不规则的墙面设计则具有动感和活泼性，尤其是当采用具有粗糙纹理的材料或将某种非规则的设计性格带到空间内时，表现得更为强烈。当墙面带有材质纹理并设计有活泼色彩时，就成了积极活跃的动点界面，成为展示空间个性的“屏幕”，能够吸引住人们的注意力，成为视区的“主角”。

3. 底界面的装饰设计

地面由于其视野开阔，功能区域划分明确，作为室内空间的平整基面，是室内环境设计的主要组成部分。因此，地面的设计在必须具备实用功能的同时，又应给人一定的审美感受和空间感受（图 3-21、图 3-22）。

图 3-21　地面设计（木地板、地毯）

图 3-22　地面设计（石材拼花）

（1）地面的材质对空间环境的影响

不同的地面材质给人以不同的心理感受，木地板因自身色彩肌理特点给人以淳朴、幽雅、自然的视觉感受；石材给人沉稳、豪放、踏实的感觉；各种地毯作为表层装饰材料，也能在保护装饰地面的同时起到改善与美化环境的作用。各种材质的综合运用、拼贴镶嵌，又可充分发挥设计者的才能，展示其独特的艺术性，体现室内居住者的性情、学识与品位，折射出个人或群体的特殊精神品质与内涵。

（2）地面装饰设计的要求

1）必须保证坚固耐久和使用的可靠性。

2）应满足耐磨、耐腐蚀、防潮湿、防水、防滑甚至防静电等基本要求。

3）应具备一定的隔音、吸声性能和弹性、保温性能。

4）应满足视觉要素，使室内地面设计与整体空间融为一体，并为之增色。

（3）常见的地面拼花图案类型

在地面造型上，运用拼花图案设计，暗示人们某种信息，或起标识作用，或活跃室内气氛，增加生活情趣。

4. 配套设施的装饰设计

（1）门的装饰设计

门的艺术风格和开启形式是室内环境构成的一个重要组成部分，由于它具有疏散人流的主要使用功能，又是人们频繁接触的部位，因此它的式样和结构能够影响整个空间环境的布局。在门的具体造型设计上要注意人们对它会产生什么样的感受，在视觉上还要注意门的造型与周边墙壁及空间环境的协调关系，要有合适的大小与导向感，可用不同的材质来体现。门的使用功能有很多，如开闭、通风、采光、隔热、隔音等，有的还需要具有防火、防盗、防弹等方面的特殊功能，在总体上要求结实、耐用、美观、大方。门的形式有滑动式、推拉式和旋转式等几种。

门按使用部位不同而分为外门和内门。外门有花园大门、庭院大门、房屋大门等。大门一般在建造时就已经同建筑一起统一设计了，而内门，则要室内设计人员重新设计定位。一个空间设计含有主要使用空间和辅助使用空间，两者都离不开其交通联系的部分，在门与门廊的设计中要尽可能使线条简单明朗，注意对人流的导向作用，认知感要强，要明确，不同的场合使用的门还要体现出一定的空间意境。比如大型饭店、会堂、剧院的门通常尺度较大，给人一种端庄、开阔的感受；而另一类诸如酒吧、舞厅、专卖店等场所的门及门厅通常又尺度较小，空间富于变化，注重亲切感。

（2）窗户的装饰设计

人们常说“眼睛是心灵的窗户”，那么对一个房间来说，窗户就是它的眼睛。窗户在室内空间环境中起着采光、通风的作用，因为它的存在，人们在室内才能感觉到各种绚丽的色彩、美好的造型以及由此产生的各种情调。而对于室内设计来说，窗户的造型风格以及制作材料是与室内装饰风格紧密关联的，它在室内环境设计中的作用主要有以下几点：

第一，引进自然光，使室内环境通过光的作用进一步升华。

第二，引进室外景观，即通过透明、半透明的玻璃及类似材料使窗外的景观形成一幅画面，也就是中国古典园林艺术中所讲究的借景。以此使人们能感受到环境的优雅，体味到艺术的魅力。

第三，通风、保暖，这是窗户的重要使用功能。为此，设计时必须满足其便于开闭、经久耐用的要求。窗户的设计还应考虑到与墙面以及室内整体风格的统一。对材料和开启方式应精心选择，尽可能扩大窗户的采光面积，以便产生延伸室内空间的效果，设计出更加灵活、自如、富有情趣和想象力的窗形。

（3）隔断的装饰设计

隔断是空间结构划分的一种形式，也是能够带来新的空间个性语言的重要媒介。它对风格的形成、空间层次的营造，都有着其他空间环境媒介所不可替代的作用。在不同的使用场合，隔断具有不同的使用功能，如阻隔视线、承重分割、灵活移动的区域分割、固定的秩序分割、定向界定的分割等。对于不同隔断的使用功能，其设计的大小、用材都有所不同，设计者要认真加以区分（图 3-23、图 3-24）。

图 3-23 餐厅的隔断设计（1）

图 3-24 餐厅的隔断设计（2）

隔断分为虚隔和实隔。虚隔在中国的建筑美学里称为“借景”。它通过门、洞、窗向庭院借景，把室外的风光引入室内，以达到室内外的相互渗透；也可以利用台阶、灯具、花卉、色彩等象征性地将空间划分成不同的区域。实隔则是在室内利用各种形式的隔断进行区域性的使用功能划分，取得室内空间“围与透”的共同效果。实与虚是相对而言的，隔断真正的审美实质在于“似隔非隔，隔而不隔”。它在室内空间装饰设计中非常重要，同时兼有使用功能和装饰美化的作用，如做成类似中国传统中的半透明隔断扇，以及做成隔墙的现代办公室中的百叶窗、玻璃窗等，也可设计成更具审美意味的博古架，它既可搁放古玩，又可在通透之中映出装饰的层次感、虚中有实的流动感。隔断的表现形式越来越多样化，使用的材质也更为广泛。现在常用的材料有木材、石材、金属、玻璃、竹子以及各种砖饰等。

（4）楼梯的装饰设计

楼梯作为室内空间的点缀部分，不仅具有使用功能，还兼具空间构成的作用，它在室内设计中具有很强的装饰作用。楼梯的设计发展到今天已不再单纯地起着上下空间流通媒介的作用。它的设计要在工程质量、艺术含量、人机工程学等方面，最大限度地满足使用者的需求。一个成功的楼梯设计，可以为整个环境的装饰起到画龙点睛的作用。楼梯的首要职能是充当建筑不同层次间的通道。因此它在人的居住、活动空间中起着极为重要的作用。它的设计形式可以多种多样，有单跑式、拐角式、天井式、旋转式等几种。楼梯的设计风格有许多不同的种类。在工程结构方面有许多建造形式，在装饰方面，栏杆、拦板、扶手与它们的装饰造型和用料则是楼梯设计中很重要的部分。尤其是随着材料品种的增多，处理与表现手法也层出不穷。一个小小的扶手设计，可采用各种优美的曲线造型，有的豪华气派，有的古朴典雅，能给人以视觉上的震动，营造出不同的室内氛围（图 3-25、图 3-26）。下面简单介绍四种楼梯的装饰形式。

1）木质楼梯。木质楼梯的外形可以采用简洁设计，也可采用仿古、仿欧式设计。栏杆多为木材制作，通常采用竖式带有造型的栏杆，也可在其上加以雕刻等，造型根据不同的设计风格而定，还可用板材制作不镂空的装饰栏板。扶手的造型有多种形式，主要以简洁大方为主流，在局部可以做一些精巧的装饰。木质楼梯给人稳重、古典、豪华的感觉。它多用于档次较高的室内装饰工程。

图 3-25　楼梯设计（1）

图 3-26 楼梯设计（2）

2）钢质楼梯。多采用镜面不锈钢和亚光不锈钢制成。常用的材料还有铜、铝合金两种。它的栏杆材料与主体同为钢质，造型可以多变，但多采用简练的线条与块面为构成形式，也可以做成仿欧式的装饰花纹等造型。不同的栏杆造型会对整个楼梯风格有很大的影响。用亚光的不锈钢、铝合金制成的楼梯造价不算太高，因此适用于中档装饰工程。铜制的楼梯造价比前两者要高，但由于它的色彩呈黄色，给人一种辉煌的感觉，可以创造出很好的视觉效果，因此通常在中档偏高的装饰设计中采用。钢质楼梯给人以冷静可靠、简洁大方、坚固耐用的感觉，多适用于公共场所。

3）钢、木、塑料、玻璃等多种材料制作的楼梯。这种楼梯采用钢制骨架，其他材料一般用于扶手和栏杆制作，适合在装饰风格较现代的环境中运用，给人新颖、柔和、现代的感觉，属中档制作形式。还有一种是钢木结合制作的楼梯，这种楼梯的运用也很广泛，给人一种简洁、现代的感受。

4）铁艺楼梯。铁艺设计在现代的楼梯栏杆制作中大有后来居上的势头，它制成的栏杆造型美观而典雅，是一种很好的表现形式。在楼梯的设计中除了要考虑上述因素外，还应力求楼梯的设计风格、色彩运用与整个环境设计风格相和谐。楼梯设计的原则根据层高、平面宽度限定、人员流量大小、造型的需要、投资限额和施工条件等因素而决定，既要追求美观又要讲究实用，且施工工艺要简单，造价要合理。

3.3 造型设计案例

1. 光之教堂造型设计分析

（1）建筑简介

地理位置：“光之教堂”位于日本大阪城郊茨木市（图 3-27）。

教堂规模：约 113m^2，能容纳约 100 人。

设计者：安藤忠雄

竣工时间：1989 年

说光之教堂是安藤教堂设计中之经典并不为过。有了风之教堂和水之教堂的经验，经过提纯萃取，“光之十字”的诞生令世人倾倒、顶礼膜拜。光之教堂的区位不如风、水两教堂得天独厚，受到场地和周边建筑风格的影响，尺度缩减，以 15° 将墙体切入教堂的矩形体块，将入口与主体分离。设计的重点转移到内部。空间以坚实的混凝土墙围合，创造出绝对黑暗空间，阳光从墙体上留出的垂直和水平方向的开口渗透进来，从而形成著名的“光的十字架”，它以抽象、洗练和诚实的空间纯粹性，达成对神性的完全臣服。沉溺于安藤神话的想象与忏悔，置身其中浑然不觉时间的流逝。“光之十字”无时无刻不在提醒世人关注其超脱于建筑之上可怕的绝对力量，与风之教堂醍醐灌顶的清爽、水之教堂一问一答的入定状态截然不同（图 3-28）。

图 3-27　光之教堂

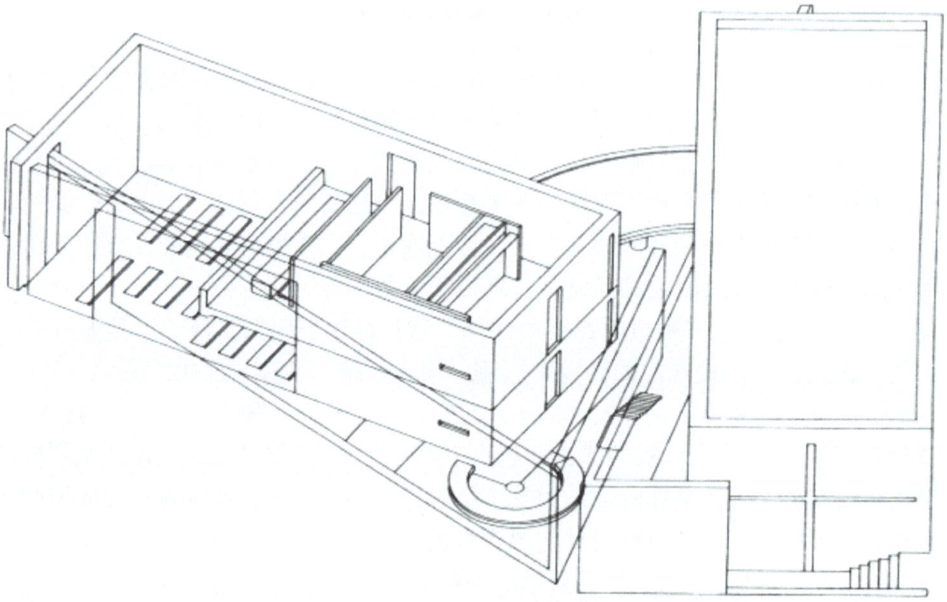

图 3-28　光之教堂纯净的几何形体

（2）结构分析

安藤忠雄认为，单纯的几何是建筑的基础或框架，几何形相对于自然是纯理性产物，也是人类历史运用在建筑空间上最为基础的，光之教堂，由简单的长方体和一道与之成 15° 角的贯墙体组成，简单的长方体因墙体的穿插形成了独特的空间转折（图 3-29）。

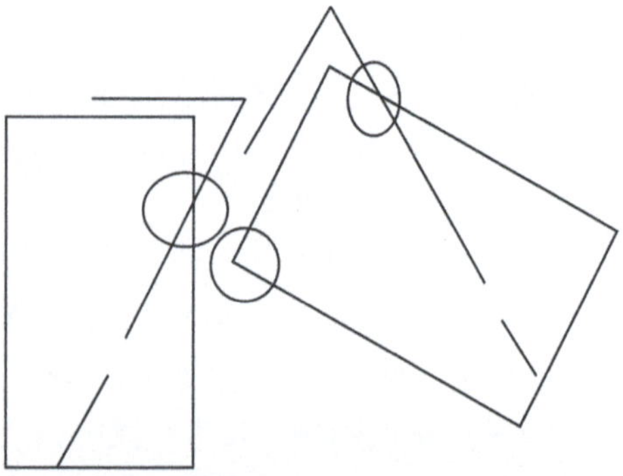

图 3-29　黄金分割的组合体块 15° 穿插于黄金分割点

教堂内有一段向下的斜坡，信徒座位高于圣坛，牧师站立时不高于观众，反映了人人平等的观念。安藤忠雄说：“其实大家都没懂光之教堂，很多人都说那十字形光很漂亮，我很在意人人平等，在梵蒂冈，教堂是高高在上的，牧师站得比观众高，而我希望光之教堂中牧师与观众人人平等。在光之教堂中，台阶是往下走的，这样站着的牧师与坐着的观众一样高，就消除了不平等的心理。这才是光之教堂的精华。”（图 3-30）

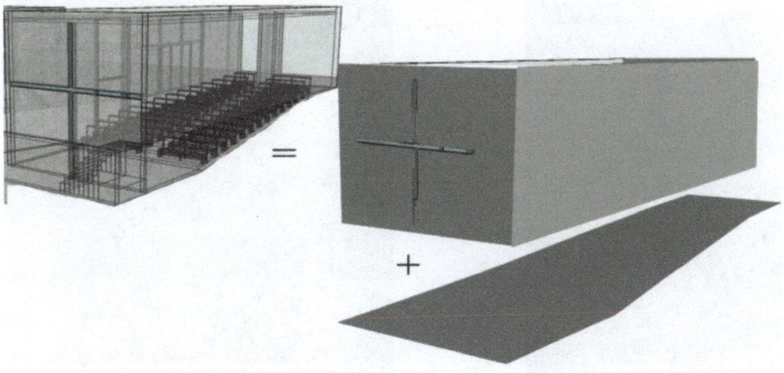

图 3-30　教堂内部造型结构

图 3-31　教堂的混凝土墙面

光之教堂由混凝土作墙壁，除了那个置身于墙壁中的大十字架外，并没有放置任何多余的装饰物（图 3-31）。

（3）建筑和自然的分析

安藤建筑作品的关键是经常是有建筑和自然的关系。对安藤来说建筑是人与自然之间的中介，是一个脆弱的、理性的庇护所。安藤一直在有意地缩小他的建筑词汇调色板，并在许多建筑中反复使用，从而形成安藤建筑空间的集合单纯性和可识别性。安藤的建筑语汇也并非创举，例如，来自柯布的“方盒子”、平屋顶和“阳光、空气、绿化”原则，来自赖特草原式住宅的空间回转、曲折入口，来自粗野主义的“素混凝土”等，经过他的整合，形成了他自己独特的建筑认知和精神追求。安藤建筑的单纯并不是单调，它通过严谨的比例关系、严格有序的空间、形体的穿插来表现安藤建筑的内涵（图 3-32）。

图 3-32　自然地理

2. 道格拉斯住宅

建筑简介

地理位置：道宅位于美国密歇根州，在基地的西向，面向密歇根湖，基地东侧与乡村道路相接。

设计者：理查德·迈耶

竣工时间：1973 年

整个基地的地势相当陡峭，整个坡度从道路以西，向密西根湖倾斜落下。而在陡峭的山壁上，长满了高耸且翠绿的树丛，清澈的湖水和澄蓝的天空相呼应，无疑又是大自然的另一项杰作（图 3-33）。

从公路望向住宅时，能够望见的仅仅是住宅顶楼部分和一座窄小斜坡通道，须着坡度道的引导而进入屋内（图 3-34）。

图 3-33　道宅（1）

图 3-34　道宅（2）

此时，硕大的房子仿佛一艘游艇，而建筑师刻意安排的屋顶平台，也有如船上的甲板，令人有如遨游于密歇根湖上的畅快（图 3-35）。

将视线转向屋内，借由起居室的挑空，而使整个视线也能在楼层之间游走（图 3-36）。三楼是主要的卧室空间，透过卧房外的走廊平台，可俯视到挑高两层的起居室（图 3-37、图 3-38）。

顺楼梯而下，到达宽阔的起居室，在此除了可以接待友人，透过大片的玻璃望向户外的美景，更能令人悠闲地喝口下午茶享受生活。一楼的部分，则作为餐厅、厨房等服务性空间（图 3-39）。

图 3-35　道宅（3）

图 3-36　道宅（4）

图 3-37　道宅（5）

图 3-38　道宅（6）

屋外设置了一座以金属栏杆扶手构成的悬臂式的楼梯，而它也清楚连接了起居室和餐厅层的户外平台，形成一套流畅的垂直动线系统（图 3-40、图 3-41）。

在住宅的外观有一个金属烟囱，使整幢房子看起来更具有现代感。整幢房子因楼板和框架玻璃分割出水平轴线，而在垂直方向，则以金属烟囱来清楚地确立垂直向度，而使整幢房子的外观立面更为流畅、完整。

图 3-39　道宅（7）

图 3-40　道宅（8）

图 3-41　道宅（9）

3.4　造型设计练习

请制作下面户型（图 3-42）的顶棚、立面、地面的布置图，标注各种部位的详细尺寸及材料。

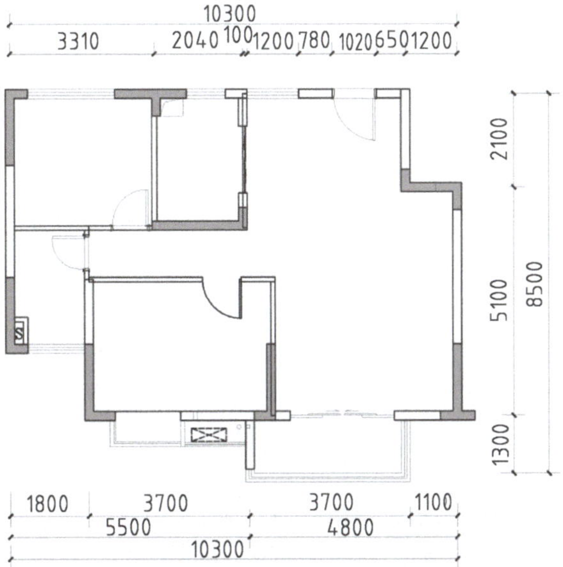

图 3-42　84m²A 户型原平面图（比例 1∶100）

第 4 章　室内装饰色彩 | CHAPTER 4

学习目标： 通过对本章的学习，了解室内装饰设计色彩的相关内容；熟知色彩设计要点及设计色彩的运用。

学习要求：

能力目标	知识要点	相关知识	权重
理解能力	色彩要素	色彩来源 色彩的三要素 色彩的混合 色彩表现力 色彩对人的影响和作用	30%
掌握能力	色彩设计的方法	弱对比色搭配 中对比色搭配 强对比色搭配 纯度色彩搭配 明度色彩搭配	30%
应用能力	色彩设计的运用		40%

4.1　色彩要素

1. 色彩来源

色彩是光的一种表现形式。光（这里指“可见光”）是指能影响视觉感受的电磁波，它的波长在380~780nm之间。物体表面色彩的形成取决于三方面因素，即光源的照射、物体接受光线所反映的色光及空间环境对物体色彩的影响。

我们所见到的颜色分为光源色和物体色两种。

光源色： 是指由各种光源发出的光，光波的长短、强弱、比例性质的不同形成不同的色光，它的三原色是红、绿、蓝。

物体色： 是指本身不发光，呈现出对光源色的吸收、反射得来的色光。

2. 色彩的三要素

（1）色相

色相，即色彩的相貌。如图 4-1 所示，几乎所有运用于表现的色彩都能通过红、黄、蓝三个颜色混合出来，色彩学上称之为三原色。为了能够帮助人们有规律地认识色彩，我们将光谱的色彩顺序组成环形来体现，并称之为色环。

（2）明度

明度，即色彩的明暗程度。各种有色物体由于它们反射光量的差别，因而就产生了色彩的明暗强弱。色彩明度有两种：一种是同一色彩不同的明度。如同一色彩在强弱不等的光照射下，呈现出的不同明度变化；同一色彩加入无彩色体系的黑白之后也能产生各种不同的明暗层次。另一种是各种颜色存在不同明度的差异，比如我们将光谱上的色彩用黑白照片拍下后，就能发现黄色是这些色彩中明度最高的色，紫色最暗。其明暗顺序为黄、橙、红、绿、青、蓝、紫。

（3）纯度

纯度，即色彩的鲜艳程度。任何色彩在纯净程度或强度上都有所差别。当某种色彩所含色素的成分为100%时，就称为该色相的纯色。色彩中，红色是纯度最高的色相，橙、黄、紫是色彩纯度偏中的色相，蓝、绿是纯度偏低的色相。任何一个色彩加白、加黑或加灰都会由此而降低色彩的纯度，高纯度的色相加白或加黑，降低了该色相的纯度的序列，最后使该色相明度与补色明度相接近，纯度变化将由高向低，再由低向高（图4-2）。

图4-1　色相

图4-2　色轮

3. 色彩的混合

（1）原色

不能用其他色混合而成的色彩。颜料的三原色是红、黄、蓝（图4-3）。

（2）间色

两种不同的原色混合而成的颜色。如红 + 黄 = 橙色，黄 + 蓝 = 绿色，蓝 + 红 = 紫色，橙、绿、紫称为间色（图4-4）。

（3）复色

原色与间色或间色与间色的混合（图4-5）。

（4）补色

三原色中的两原色混合成的间色与另一个原色之间的关系为互补色关系。主要补色关系有：红与绿、黄与紫、蓝与橙。

图4-3　原色

图4-4　间色

图4-5　复色

4. 色彩表现力

（1）色彩功能

色彩视觉效应影响人们心理感受。室内界面、家具、陈设等物体的色彩相互作用，可以影响人们的视觉效果，使物体的尺度、远近、冷暖在主观感觉中发生一定的变化，这种感觉上的微妙变化，就是物体色彩的物理作用效果。

（2）色彩的轻重感

色彩的轻重感是通过色彩的明度、纯度确定的。决定色彩轻重感觉的主要因素是明度，明度高的色彩感觉轻，明度低的色彩感觉重。其次是纯度，在同明度、同色相的条件下，纯度高的色彩感觉轻，纯度低的色彩感觉重。轻和重在室内色彩设计过程中要搭配协调，既不能轻重不均，也不能平均对待。白色和各种浅色色彩都被称为轻感色，其中，白色最轻。一般情况下，明度高的色彩和色相暖的色彩属于轻感色。黑色和各种深色色彩都被称为重感色，其中，黑色最重。一般情况下，明度低的暗色和色相冷的色彩属于重感色。轻重感不明显的色彩有红色、绿色等。

（3）色彩的涨缩感

明度高的色彩面积显得比较大，明度低的色彩面积则显得较小；暖色会产生膨胀感，冷色会产生收缩感。

（4）色彩的距离感

暖色近，冷色远；明度高的近，明度低的远；纯度高的近，纯度低的远；鲜明的近，模糊的远。人类在长时间的生活实践中体验到太阳和火能够带来温暖，所以在看到与此相近的色彩（如红色、橙色、黄色）的时候相应地产生了温暖感，后来在色彩学中将红、橙、黄类颜色统称为暖色系，青、蓝等颜色为冷色系。

色彩的温度不是绝对的而是相对的，无彩色与有彩色比较，后者比前者暖；色彩的温度感与明度有关系，含白的明色具有凉爽感，含黑的暗色具有温暖感；温度感还与纯度有关系，在暖色中，纯度越高越具有温暖感，在冷色中，纯度越高越具有凉爽感。在室内设计中，设计者常利用色彩的物理作用去达到设计的目的，如利用色彩的冷暖来调节室内的温度感等。

（5）色彩的软硬感

色彩的软硬感取决于色彩的明度和纯度。明度高、纯度低的色彩有柔软感，而明度低、纯度高的色彩有坚硬感。无色彩系的灰色有柔软感，白色与黑色都有坚硬感。

（6）色彩的质感

家具造型是形状、色彩和材料质地的综合体现质感，是家具表面材料质地具有的特性。色彩的质地感觉与色彩三要素有关。

（7）色彩的知觉感

色彩的知觉感是由于色彩作用而引起人的兴奋与沉静、轻松与压抑、华丽与朴实的感觉。

5. 色彩对人的影响和作用

室内设计色彩是最具情感的设计元素，也是室内设计中的重要环节。色彩与人的心理感觉和情绪有着千丝万缕的关系，人生活在色彩之中，离不开色彩。当人通过视觉感受到色彩的时候，视觉经验与视觉刺激产生共鸣，从而激发色彩情感。

（1）红色

红色是所有色彩中视觉感觉最强烈和最有生气的色彩，它具有促使人们注意和似乎凌驾于一切色彩之上的力量。将红色运用到室内设计中会产生强烈的视觉冲击，传达给人热烈、温暖、喜庆、自由、奔放的感觉（图 4-6）。

图 4-6　红色

深红色和紫红色的颜色，给人庄严、稳重而又热情的感受，常用于欢迎贵宾的场合。

含白的高明度粉红色，则给人柔美、甜蜜、梦幻、愉快、幸福、温雅的感受，几乎成为女性的专用色彩。

（2）黄色

黄色是在室内设计中运用较多的色彩，它可以让人产生温馨、柔美的感觉，同时又带有明朗、愉快、高贵和充满希望的感觉（图4-7）。

黄色在色相环上是明度最高的色彩，它光芒四射，轻盈明快，具有愉悦、提神的效果，常作为积极、进步、文明和光明的象征。浑浊的黄色会显出一种病态。

图4-7 黄色

（3）绿色

绿色运用到室内设计中能认人产生清新、舒适、平静的感觉。绿色是大自然中生机勃勃的生命力量和清新宁静的自然力量的象征，代表和平、柔和、安逸（图4-8）。

从心理学的角度来说，绿色能令人平静、松弛而得到休息。从生理上来说，人眼的晶体能把绿色波长恰好集中在视网膜上，因此它是最能使眼睛得到休息的色彩。绿色是崇尚健康环保的现代室内设计中最常用的色彩。

图4-8 绿色

（4）紫色

紫色是红、青色的混合色，是一种冷红色。精致而富丽，高贵而迷人，运用到室内设计中会给人浪漫柔情的感受。紫色代表优雅、高贵、魅力、自傲。偏红的紫色，华贵艳丽；偏蓝的紫色，沉着高雅，象征尊严（图4-9）。

图 4-9　紫色

（5）白、灰、黑

白色运用到室内设计，能让人产生理智、宽敞、明亮的感觉，代表纯洁、朴素、明快。白色可以衬托其他色彩，使之显得更加艳丽。

灰色在室内设计中能产生宁静柔和的气氛，代表谦虚、沉默、中庸和寂寞。常作为背景色，任何色彩都能和灰色混合。

黑色在室内设计中可制造安定、平稳的室内气氛。黑色的组合适应性广，各种色彩与之搭配都能起到良好的效果，但是不能大面积使用。

6. 材质、色彩与照明

室内装修材质特性的表达，室内色彩设计效果的获得以及人在室内环境中特别的心理感受与室内照明的灵活运用都有着密切的联系。

材料与质感是室内设计中不可缺少的重要元素，如何将材料的质感和色彩充分地体现出来并融入整个室内环境，还需要借助照明来体现，光线对于材质很少影响，细腻质感的材料常用均匀的漫射光来充分展现其细腻的质感变化，而粗犷的材料则常需借侧射光来突出其体感和粗放感，充分利用各种不同材料的自然特性（如质感、纹路、色彩等），再与照明巧妙结合，就能体现不同的环境气氛，通过对不同材质的巧妙处理和运用，有时可以产生出一些特殊的神奇效果。在室内设计中掌握好各种材质的质感，并结合室内照明加以巧妙运用，是取得良好设计效果的捷径，对材料的分块大小、线条横竖、明缝暗槽、纹路走向、色彩均衡等进行恰当处理，可以给室内空间带来亲切宜人的细部与整体景观。

在室内各界面、陈设品色彩组织时，还应考虑它们的材质感，因为色调往往由材质的特性所决定，不同的材质及颜色在不同光线照射下所呈现出来的景象也是不同的，光滑发亮表面的色彩比粗糙表面的色彩显得更为明亮。而室内的色彩多采用综合材料的表现方式，它可以兼收两者之长而舍两者之短，但在组织上必须善于和谐地处理材质色彩的统一问题。

色彩是室内设计中最为生动、活跃的因素，空间的色调与光照密不可分，色调需要光照来诠释与充实。除了色光以外，色彩还必须依附于界面、材质、家具、室内织物、绿化等物体，材料的质感变化作为室内界画处理最基本的手法，利用采光和照明投射于界面的不同光影，成为营造空间氛围的主要手段，室内设计中的形、色、质应在光照下融为一体，赋予人们以综合的视觉心理感受。

4.2　色彩设计方法

色彩设计在室内设计中占有很重要的位置，而色彩设计的关键就是处理好色彩的对比与协调关系。无论是色彩围护面的色彩设计，还是室内陈设品的色彩选择，都要考虑其协调关系。辩证法告诉我们，统一中要有变化，变化中要有统一，只有这样才能取得完美的艺术效果。过分强调统一会显得平淡无奇和毫无生气，过分强调对比会显得杂乱无章和烦躁不安。因此，室内色彩设计的原则应是在大统一中求变化。

1. 弱对比色搭配

弱对比色搭配有三种情况，包括单纯色搭配、同类色搭配、近似色搭配。

（1）单纯色搭配（0°）

这是指单一的一种颜色由其本身的深浅变化而求得协调效果，这种搭配朴素淡雅，但会产生平淡无奇的单调感（图 4-10）。

图 4-10　单纯色搭配

（2）同类色搭配（30°）

如图 4-11，同类色搭配是指色环上相临近的几种颜色在一起使用，因为它们的色调较接近，所以很容易使室内气氛取得统一的效果。同类色中可以有冷暖、明暗和浓淡的差别，所以室内色彩能体现出较细微的变化。

同类色的处理手法适合于较为庄重、高雅的空间，也可以用于平和安静的卧房、起居室。小而杂乱的空间可用同类色的处理手法使其空间气氛统一起来。由于同类色色调较为接近，所以容易出现过于朴素的单调感，可用弱对比色搭配的方法得到补救。

1）加强明度差及纯度差。

2）丰富空间的造型元素。

3）丰富空间的材质元素。

4）插入协调色（黑、白、灰、金、银）。

（3）近似色搭配

近似色又称类似色，它在色环上的差距大于同类色而小于对比色，如图 4-12 所示。

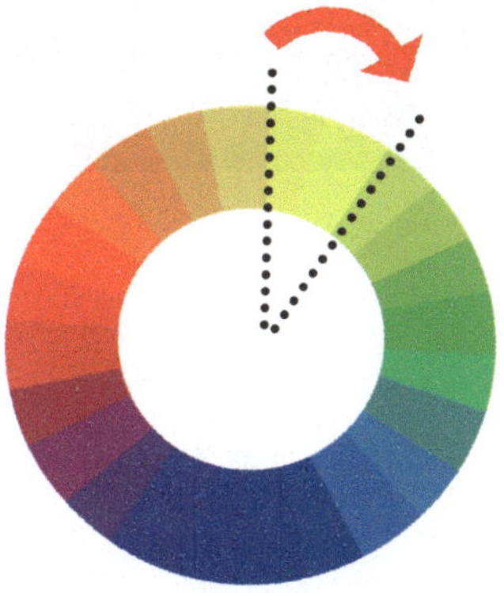

图 4-11　同类色

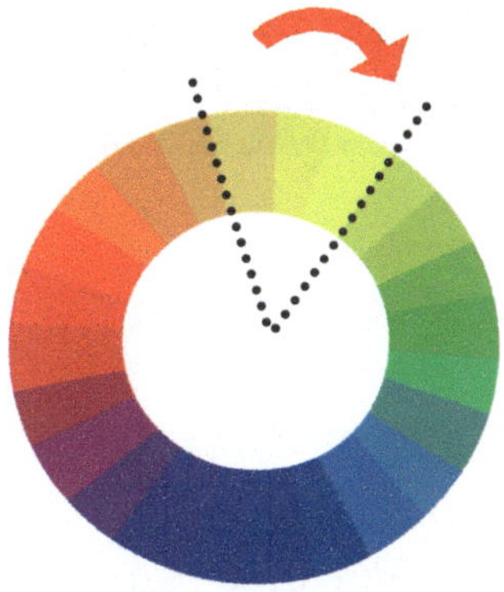

图 4-12　近似色

如果某个室内空间由蓝—紫—红—橙几种颜色构成，蓝—橙已近似于对比色，所以室内色彩效果比较强烈。但如果认为色彩对比太强烈，可分别在蓝和橙中适量加入一些红色，它们之间的关系就协调了。

一般室内大面积部位应用色距较近的浅色作主调，再用两个色距较远而纯度较高的色彩来装饰家具及陈设物，这样就可以取得较好的效果（图 4-13）。

图 4-13 近似色搭配

2. 中对比色搭配

（1）类似色搭配法（60° 左右）

类似色搭配法属于中度色彩搭配方法，类似于红色与黄橙色的对比。效果较为丰富、明快，但因色相之间的对比不是过于强烈，使其既统一又不失变化。

（2）中差色搭配法（90° 左右）

相对于类似色搭配，中差色搭配法的搭配效果更为响亮。如黄色与绿色搭配，明快、活泼、饱满、对比既有相当的力度，又不失协调之感（图 4-14）。

图 4-14 中对比色搭配

3. 强对比色搭配

（1）对比色搭配法（120° 左右）

对比色搭配法属效果较为强烈的搭配方式，如黄绿与红紫色对比等。其效果强烈、醒目、有力、刺激，因色相效果反差过大，使其不易统一，容易出现杂乱的效果，造成视觉疲劳（图 4-15）。

（2）互补色搭配法（180° 左右）

互补色搭配法属于色彩搭配当中对比效果最为强烈的搭配方式。如红与蓝绿、黄与蓝紫的对比搭配（图 4-16）。其效果眩目、极其有力，如搭配不当，易使人产生焦躁不安、肤浅、粗俗等不良感觉。

（3）强对比色搭配法

1）通过空间元素色彩明度及纯度的变化进行协调。

2）加强空间元素颜色的面积比。

3）插入协调色彩，柔化色彩对立（图 4-17）。

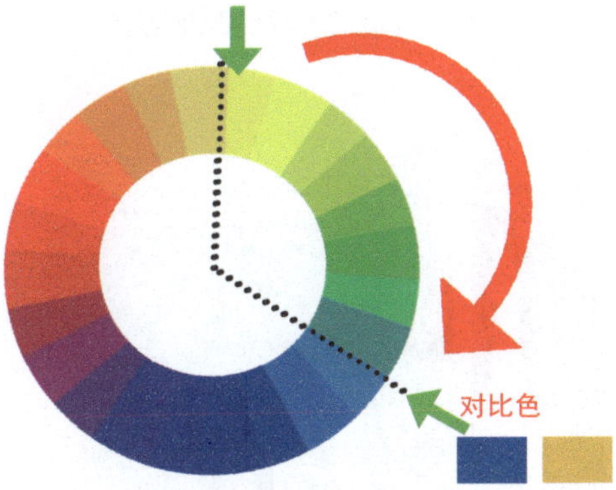

图 4-15 对比色

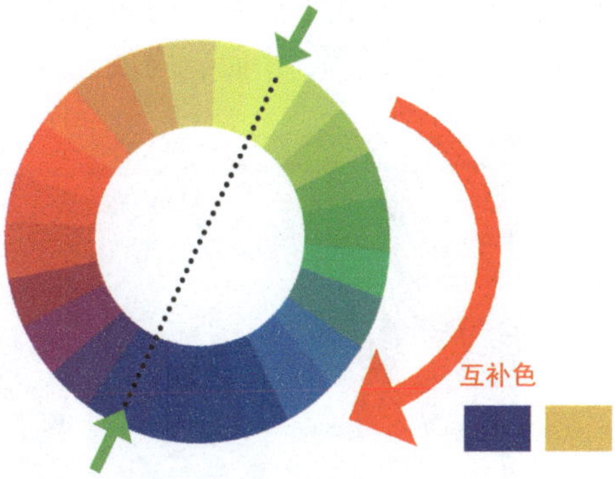

图 4-16 互补色

图 4-17 强对比色搭配

4. 纯度色彩搭配

因空间色彩的鲜、浊之分而形成对比，从而产生的通过不同纯度色彩配置而形成的搭配方法。

1）鲜调色彩搭配法：（其空间面积约占 70%）在室内空间当中，应用高纯度色为主的高纯度色彩配置，其效果积极、刺激、明快、活泼（图 4-18）。

图 4-18 鲜调色彩搭配

2）中调色彩搭配法：（其空间面积约占 70%）以中纯度色为主，构成中纯度搭配方法，属于较为稳定的搭配，其效果低调、中庸、内敛、温和（图 4-19）。

图 4-19　中调色彩搭配

3）灰调色彩搭配法：（其空间面积约占 70%）空间色彩纯度极低的搭配方法，有淡雅、自然、朴素的配置效果（图 4-20）。

图 4-20　灰调色彩搭配

4）浊调色彩搭配法：（其空间面积约占 70%）属色彩纯度搭配法中最为低调的搭配方法，有内敛、深沉的色彩配置效果；但也易产生消极、陈旧的效果（图 4-21）。

图 4-21　浊调色彩搭配

5. 明度色彩搭配

因空间色彩的明度之分而形成对比，从而产生的通过不同明度色彩配置而形成的搭配方法。

1）低明度色彩搭配法：（其空间面积约占 70%）以低明度色彩为主的色彩搭配方法，整体空间明度偏低，给人以神秘、低沉、厚重的感觉；但如配色不当，也易产生恐惧、压抑的不良心理影响（图 4-22）。

图 4-22 低明度色彩搭配

2）中明度色彩搭配法：（其空间面积约占 70%）以中明度色彩为主的搭配方法，因其整体明度效果较为柔和，易于给人以素雅、温和、平凡的感觉（图 4-23）。

3）高明度色彩搭配法：（其空间面积约占 70%）以高明度色彩为主的色彩搭配方法，其效果轻快、明朗、亮丽（图 4-24）。

图 4-23 中明度色彩搭配

图 4-24 高明度色彩搭配

4.3 色彩设计案例

1. 不同居室空间室内色彩设计方案

（1）客厅

客厅的颜色搭配必须要考虑客厅的朝向和家具配置，客厅朝向主要是以客厅窗户的朝向而定。

客厅的颜色搭配主要取决于客厅窗户的朝向，如南向的客厅应以白色作为主色调，而西向客厅应以绿色作为主色调，这是因为向西的客厅下午西照的阳光甚为强烈，不但酷热而且刺眼，所以用较清淡而又可护目养眼的绿色，方为适宜。

（2）卧室

卧室是休息、放松的空间，怎么样来提高睡眠质量是卧室色彩搭配的关键。卧室顶部多用白色，白色和光滑的墙面可使光的反射率达到60%，更加明亮。墙壁可用明亮并且宁静的色彩，黄色、黄灰色等浅色能够增加房间的开阔感。室内地面一般采用深色，地面的色彩不要和家具的色彩太接近，否则影响室内的立体感和明快的线条感。

如果选择壁纸来装饰的话，炎热的夏天宜用冷色调、浅褐、浅紫罗兰、浅苹果绿、湖蓝色、蓝色，有宁静、凉爽、恬适之感；而寒冷的冬季宜用红栗、奶黄、米黄色、咖啡色等暖色系，给人以温暖、开朗、活泼、充实的感觉。

（3）书房

书房的色调力求雅致。书房是人们用于阅读、书写和学习的一种静态工作空间，进入这个空间时人们需要保持头脑冷静、注意力集中。室内色调要求以雅致、庄重、和谐为主色调，因此选用灰色、褐灰色、褐绿色、浅蓝色、浅绿色等为宜，地面选用深色、褐色等色彩的衬料，同时可用少量字画的点缀来增加室内色彩的对比度。

（4）厨房

通常，厨房中能够表现出干净的色相主要有灰度较小、明度较高的色彩，如白色、乳白色、淡黄色等；而能够刺激食欲的色彩主要是与美味的食品较接近的，或者是在日常生活中能够强烈刺激食欲的色彩，如橙红、橙黄、棕褐等。能够使人愉悦的色彩就复杂多了，不同的人、不同的生活环境对色彩的喜好各不相同，但并不是所有的人都在厨房操作。

（5）卫生间

由于卫生间通常都不是很大，而各种盥洗用具复杂、色彩多样，因此，为避免视觉的疲劳和空间的拥挤感，应选择简洁而明快的色彩为主要背景色，对缺乏透明度与纯净感的色彩要敬而远之。

室内照明设计在一定程度上对居室也具有装饰效果，不同空间应有不同的照明设计方案。不同的室内环境要配备不同数量、不同种类的灯具，以满足人们对光质、视觉卫生、光源利用等要求。室内的环境包括空间大小、形状、比例、功能，采用与之相适应的照明灯具和照明方式，才能体现其独特风格，满足其使用要求。

2. 优秀色彩设计案例分析

（1）黑白搭配家居设计解析

对于有一定经济实力的中青年家庭来说，时尚的他们更爱追求黑白搭配的另类格调。设计师通过吧台的布置巧妙地将门厅玄关显现出来，入户即可感受到不同的生活氛围。开放式厨房的布局虽然让餐厅偏安一处，但可以让家庭在一起吃个安稳又不受干扰的饭菜。如图4-25平面布置图所示，书房的L形书柜和窗前低柜让业主拥有最大的书籍存储空间，同时巧妙地运用书桌和书柜分割了主卧室与书房，既可以保证采光的需求，也不会在读书时受到干扰。

如图4-26所示，入户一侧通过立面造型和材料色彩分割，形成入口放置物品的平台。运用银镜折射酒吧和客厅沙发区，使空间相互呼应。另外，在墙角处安装造型壁灯，气氛十足，是玄关设计的一处亮点。

如图4-26所示，通过不同尺寸的墙砖和马赛克形成多变多彩的吧台立面，让人入户后有放松和愉悦的感觉。黑色光泽的顶面造型在筒灯的照射下显得格外闪亮。

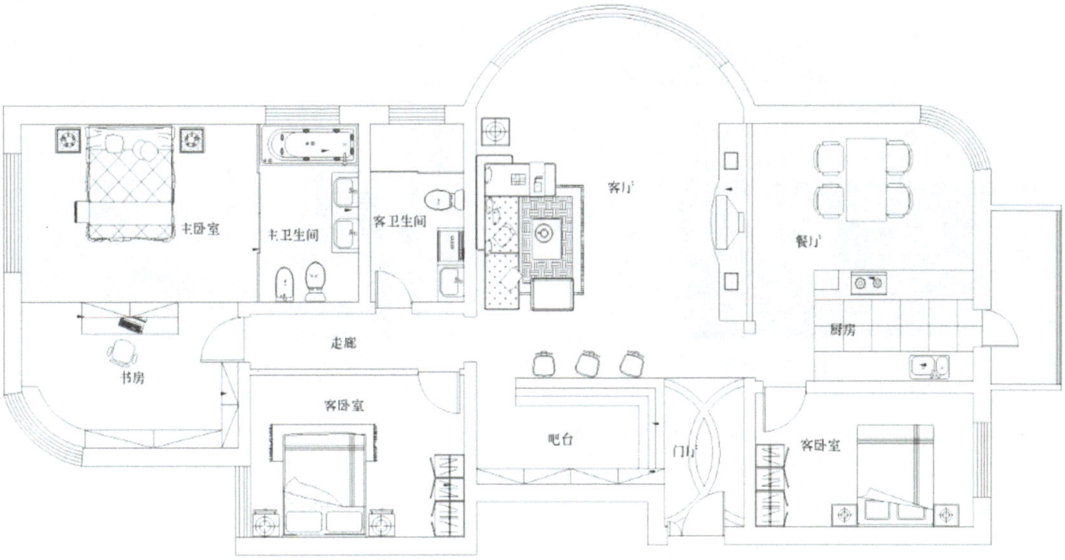

图 4-25　平面布置图

图 4-26　门厅效果图

如图 4-27 所示，简单的吊顶和以圆形为设计元素的黑色镜面背景墙，在宽大的客厅中展现了些许的灵动。精致和高雅的家具展现了业主的地位和生活品质。与酒吧和地面方形地砖相对应的墙面造型中，圆形成为墙面的设计元素。通过黑白灰三色的搭配，在没有其他色彩的环境下也有很多的变化。

图 4-27　客厅效果图

如图 4-28 所示，开放式厨房需要将灶台放置在墙面一侧，以避免危险的发生，如果业主以西餐为主，也可以考虑放置到其他位置。米色的灯具给黑白色调的家居环境带来温暖。

如图 4-29 所示，运用书柜分割空间并与书桌成为一体，合理地运用了空间又不相互干扰。另外运用地面材料来辅助划分空间，形成宁静和轻松的不同氛围。

图 4-28　餐厅效果图

图 4-29　书房效果图

如图 4-30 所示，圆形装饰镜在不同空间里扮演着不同的角色和地位，在通透的空间中有着相同形态上的联系。纱幔和宽厚的床沿让卧室更加舒适和具有生活情趣。

如图 4-31 所示，黑色的瓷砖映衬着白色的洁具和装饰墙，让卫生间显得格外干净和整洁。不过，灯具和吊顶的类型，以及通风方面需要斟酌和改善。

图 4-30　主卧室效果图

图 4-31　主卫生间效果图

（2）样板间搭配家居设计解析

业主要求营造布局大气，格局新颖和开阔，能够满足聚会需求的大尺度空间，来参加聚会的主要人群是多媒体发烧友，喜爱电影、音乐等，比较时尚与年轻。

设计师根据业主要求进行设计（见图 4-32 原始平面图和图 4-33 平面图布置图），三室两厅的室内空间基本满足现代居住条件，合理地搭配空间能够使家居显得殷实和紧凑。通过空间改造，厨房采取半通

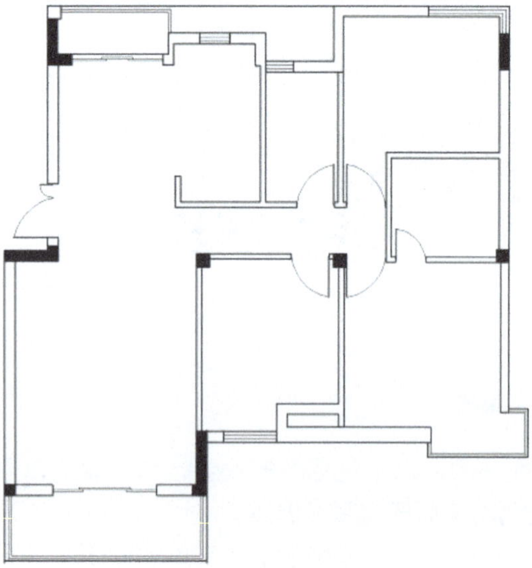

图 4-32　原始平面图

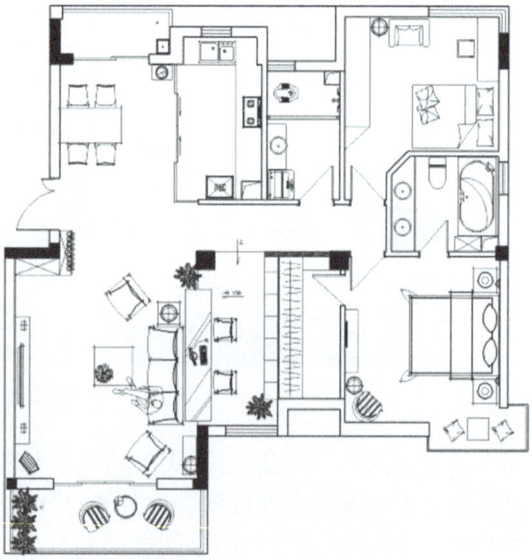

图 4-33　平面图布置图

透处理方式，避免油烟和增加视觉通透性，小的餐厅浓缩着小家庭的快乐和温馨。将主卧的邻近房间分隔利用，使业主增添了更衣间和开放式书房。书房与客厅的融合使客厅面积增大，满足了聚会中就座区域，使空间通透宽敞。主次卧室的布局给予了青年夫妻和孩子各自独立的空间，130m^{2}的空间满足了多方面的需求。

客厅布置简单大方，空间上呈现半开放格局，地中海式拱梁增加了室内的亮度和通透感。色彩主要以暖色调为主，利用米黄色墙面、棕色窗帘、原木色材料与白色脚线、白色门窗套以及黑色复古灯饰、黑色镜面电视背景墙，形成鲜明对比，层次分明，满足了业主使用时尚色彩的愿望，并且扩大了空间感受，见图 4-34。

图 4-34　半开放式客厅

餐厅空间设计简洁，色彩延续家居的整体格调，暖色的灯光重点照射在餐桌上，营造出温馨浪漫的气氛，见图 4-35。

整面白色书柜，最大限度地营造出储物空间，而且它作为书房与更衣间的割墙，使空间得到充分利用。书房的电脑直接与客厅的电视连通，业主在制作音乐视频后，可以直接通过电视观看制作效果，见图 4-36。

图 4-35　餐厅

图 4-36　开放式书房

主卧室的设计采用暖色基调，以米色和褐色为主，白色和黑色起协调作用。不同尺寸的白色相框规整地装饰在棕色墙面上，清晰明快，使卧室增添了生活情趣，见图 4-37、图 4-38。

主卫生间运用深灰色和棕色仿古砖搭配，形成鲜明的对比又突出功能分区。顶面采用直接板，体现生活融入自然，提高生活品质。洗手台下设有栅格支架，增加了储物空间，见图 4-39。

图 4-37 主卧室

图 4-38 主卧墙面装饰

图 4-39 主卫生间

4.4 色彩设计练习

请制作下面家装户型（图 4-40）的彩色平面布置图及效果图。

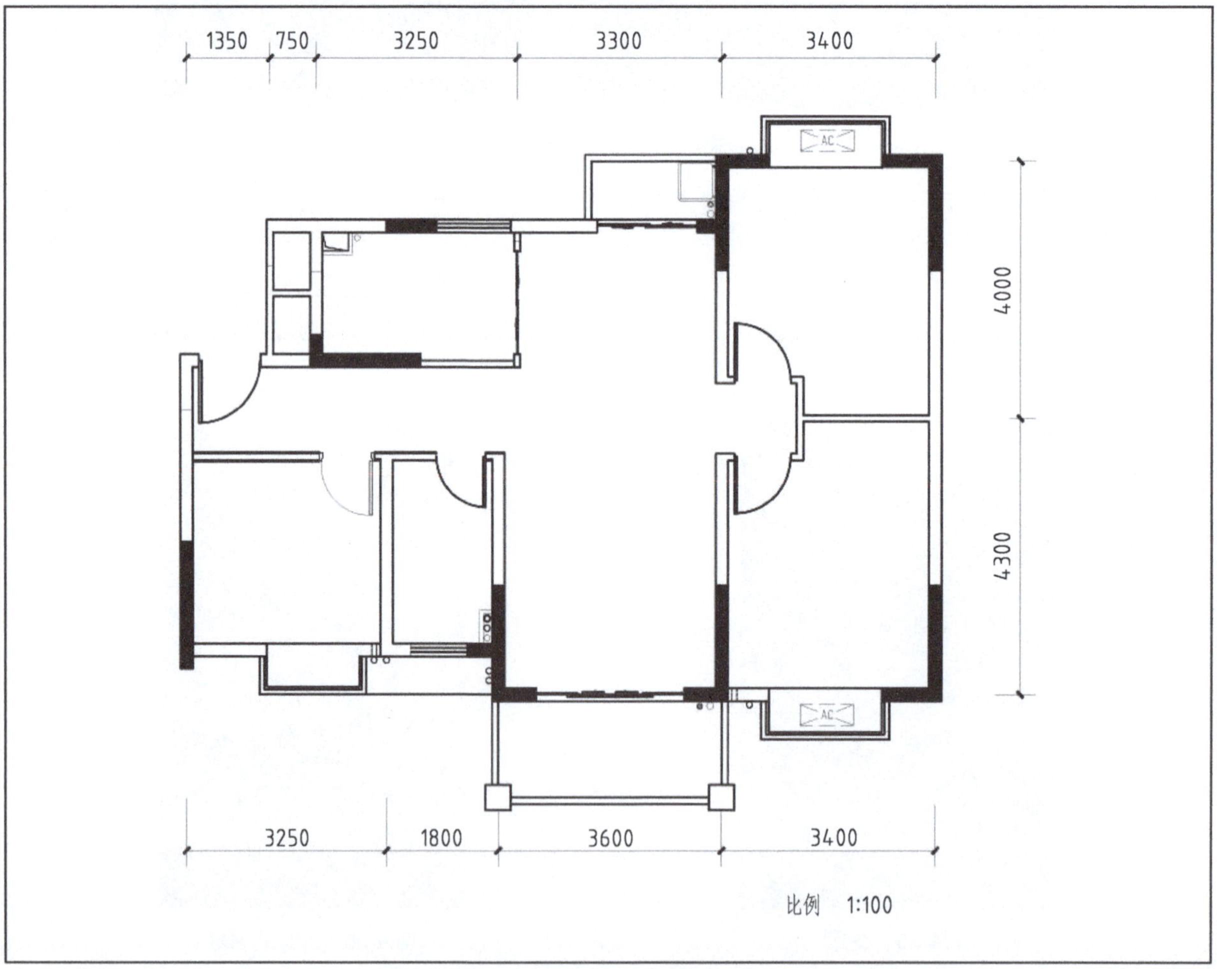

图 4-40 104m² 户型原平面图

第 5 章　室内装饰材料 | CHAPTER 5

学习目标： 通过对本章的学习，了解室内装饰设计材料的相关内容；熟知材料设计要点及设计材料的运用。

学习要求：

能力目标	知识要点	相关知识	权重
理解能力	材料要素	材料的分类 材料的基本功能 材料的特性	30%
掌握能力	材料设计的方法	材料的组配 材料分格与转角处理 材料的光影设计 相同材料不同的用法	30%
应用能力	材料设计的运用		40%

5.1　材料要素

1. 材料的分类

人们生活在空间环境中，随时随地都会接触到各种材料，材料对任何人来讲都不会陌生，而设计材料学却是一门非常广博而难于精通的学问。一方面，自然材料种类繁多，人工材料日新月异。另一方面，材料的结构奇巧莫测，材料的处理变化万端。

材料由于多种多样，分类方法也就没有一个统一标准。

按化学性质来分，可分为无机材料和有机材料。无机材料又可分为金属材料和非金属材料等；有机材料又可分天然与人造材料等。

按材料的状态来分，可分为固体材料和液体材料。

按材料的硬度性质来分，又可分为硬质材料、半硬质材料及软质材料。最常用的分类是以材质、状态、作用等使用范围来命名。

建筑装饰材料可分为实材、板材、片材、型材、线材等。实材也就是原材，主要是指原木及原木制成的规方，以 m^3 为单位。板材主要是指把由各种木材或石膏加工成块的产品，统一规格为 1220mm × 2440mm，板材以块为单位。片材主要是指把石材及陶瓷、木材、竹材加工成块的产品，在预算中以 m^2 为单位。型材主要是指钢、铝合金和塑料制品，在装修预算中型材以根为单位。线材主要是指木材、石膏或金属加工而成的产品，在装修预算中，线材以 m 为单位。建筑装饰材料按装饰部位分类，则有墙面装饰材料、顶棚装饰材料、地面装饰材料。按材质分类，有塑料、金属、陶瓷、玻璃、木材、涂料、纺织品、石材等种类。按功能分类，有吸声、隔热、防水、防潮、防火、防霉、耐酸碱、耐污染等种类。

2. 材料的基本功能

（1）保护功能

现代建筑装饰材料不仅能改善建筑与室内的艺术环境，使人们得到美的享受，同时还兼有绝热、防潮、防火、吸声、隔声等多种功能，起着保护建筑物主体结构，防止建筑结构暴露在外部空气中，延长其使用寿命以及满足某些特殊要求的作用。装饰材料使主体结构表面形成一层保护层，不受空气中的水分、氧气、酸碱物质及阳光的非用而遭受侵蚀，起到防渗透、隔绝撞击的作用，达到延长使用年限的目的。建筑外墙材料可有效避免内部结构材料遭虫蛀、因氧化而引起的松散老化等问题。室内的卫生间顶棚、墙面、地面材料，则可以有效防止水气对墙体、地面的侵蚀。

（2）美化功能

利用材料本身的一些特性可以让空间环境变相更符合人的审美要求，为人们提供美好的感官体验，一些建筑本身的结构和形式是平淡的，但是由于外立面使用了恰当的材料，可使整个建筑焕然一新，如德国的慕尼黑Brandhorst博物馆大楼本身的造型就是两个方盒子，但是它的外表皮应用了双层的玻璃幕墙，并且在内、外层间设置了涂有橙色、红色、粉白色等各种鲜艳色彩的可折叠穿孔铝板，透过外层的透明钢化玻璃看过去，给人带来优美而独特的视觉体验（图5-1）。

图5-1　德国的慕尼黑 Brandhorst 博物馆

（3）情感功能

材料具有颜色、形状、质感等方面的独特表现力，在空间中恰当地加以运用产生共鸣，使原本无趣的空间变的生机快然，使人们的情绪向积极的方向发生转变。建筑装饰材料能够传达不同的情感信息，视觉上的、听觉上的、触觉上的等等，人的感知活动和材料的运用有着密切的关系。恰当的材料应用方式是表达建筑与环境意义的重要手段。设计师应该在不同的项目中选用最恰当的材料，把当时当地的场所精神传达给环境中的人们，让人们能够体会材料带来的情感内容。

3. 材料的设计特性

材料的个性特征是人们通过长期的生活积累形成的抽象概念。铜、石、陶瓷、钢等硬质材料彰显着勇敢、永恒、阳刚气概，丝、毛、棉、纸等软质材料透射出飘逸、内敛的特点。

材料的个性特征可以直接影响到建筑与室内空间的风格取向，而且每一种材料都有自己的表情。有时完全相同的建筑造型，材料不同时会产生完全不同的效果。利用材料的特性，充分展示设计语言中的象征意义，表现出极强的形式感和赋予它特定的精神内涵，同时，贴近生活，以人为本，才能创造真正舒适宜人的环境。只有把人放在第一位，才能使材料设计人性化。

（1）材料的文化性

文化是一个庞杂的概念，其广义是指人类在社会历史发展过程中所创造的物质财富和精神财富的总和，其狭义是指精神生产能力和精神产品，包括一切意识形式。

一些材料应用于建筑装饰中往往给人们带来历史文化上的联想，例如，竹子让人想到古代东方文人墨客的高洁品格，剁斧面的石材效果带来沧桑的历史感。

（2）材料的艺术性

材料的色彩、质感、肌理等各种艺术美感都是可以为人所感知的，在建筑与环境艺术设计中，设计师通过对不同材料的配比选用，营造出符合人们视觉、触觉审美要求的空间环境。另外，也可以形成不同的艺术表现风格，满足不同使用者的心理需求。

在目前的设计实践中，材料的艺术感染力主要集中于人的视觉和触觉两种感官范围，听觉和嗅觉方面的艺术性实践还比较少，设计师应该努力探索更多的艺术表现手法，丰富材料的艺术性语言。

5.2　材料设计的方法

室内设计的各种意图，必须通过材料的合理运用来完成。可以用在室内环境中的材料很多，但要达到合理运用则比较困难。好的设计方案，它的功能效益、经济效益以及其自身价值将成倍地超过一般方案，显示出设计的作用和魅力，这当中少不了材料的表现。

一个室内设计师要想有不衰的创造力，只找到偶然使用的材料还不够，要通过生活现象看到事物的本质，有价值的材料就像璞中之玉，只有剥掉石层，才能见到美玉，才能从平凡的生活里找到不平凡的材料。原来，在人们周围的生活中存在着两种类型的材料：一种是常规型材料，也就是经常要用的材料，比如涂料、花岗石、木材、瓷砖、玻璃等，是人们“司空见惯”的材料；另一种类型是反常型、偶然使用的材料，通俗地说就是能令人耳目一新的材料，比如树枝、绳子、玻璃杯、冰、琉璃、毛皮等，这类材料出现在室内环境中往往能引起人们的注意，或是吃惊，或是慨叹，一般人在吃惊、慨叹、嬉笑之后就遗忘了，然而一个室内设计师必须把这些牢牢地捕捉住，存入自己的记忆库，等到有机会时加以应用。这些是原创设计的火花、亮点，能使设计显示异常新鲜有趣的设计细节。在日常生活中只要稍加注意，找到这类材料和发现能够应用的这类材料并不是很困难，只是要打破常规，头脑中不能有条条框框。必须说明，这类材料的使用对象会有很大局限，用得多和用得频繁也同样会使人厌倦，同时用得少也就说明其使用有很大难度。

设计师要对现在边缘的一些材料，包括身边的一些非常规材料更加关注，发掘其中所暗含的利用价值，只有这样，以后的常规及非常规材料才能得到发展，现在的边缘材料很有可能就是未来的主流。作为一名设计师不能局限于流行或一些现成的材料，要勇于发现，开拓材料的新空间，尝试采用非常规装饰材料。

随着现代工业的不断发展，在自然材料和工业材料、传统材料与新型材料之间发生了一些变化与不同，包括不同材料的材质、肌理、颜色特性等。在建筑与室内设计创作过程中，通过对材料的摸索、挖掘和重组不仅可以体现出设计作品更深层次的意义，同时这些千奇百怪的材料特性也将能成为空间创作灵感的源泉。材料设计通常理解为是用现成的设计创作，它主要是靠现成的物质材料解释设计主题。

建筑与室内创作观念体现着不同创作者的心理感受和内心体验。设计师要选择何种途径、何种方式来表达自己的创作思想和意图？德国工业设计师康斯坦丁·格里克说过：“我喜欢选用一种材料或一种技术，我不喜欢混杂的材料。材料必须要诚实，高品质的塑料胜于假金属。如果要使用金属，我们必须使用真正的金属。”这说明每个设计师都有自己运用材料的理念与习惯。

另外，每一种材料都会有给我们想象的空间。设计师在创作过程中对其材料的变化把握、形式调整，宗旨是为了寻找材料在各种心理状态反映中的关联与互动。虽然材料设计的表现方法是丰富多彩的，但是它有一定的法则，更注重随机性。在取材方面，设计师要根据设计需要去选择材料，被选出的各种材料之间应有相互联系，应用它们应能准确表达设计者的意图。

1. 材料的组配

材料的不同组配能加强环境的性格特征，一个环境一般是由多种材料所组成，不同材料之间的组合可以使空间元素更加丰富，且具有不同的表情，组配得好能够提升环境气氛，反之会给人不协调的感觉，所以材料之间的组配是很重要的。材料是媒介，它有专属的表情，它们共同的组合塑造了空间的气质。在材料的选择上价格不一定要贵，但一定要从整体上去考虑，无论木材、石材、金属材质都要搭配得当、恰到好处。材料的不同组配能加强环境的性格特征，也能消减环境的性格特征。例如，采用特殊的皮制材料进行装饰，配合木质、钢铁以及棉麻等原始感觉的材料，使得整个环境有着豪放的西部感觉，充满了冷静自我的个人意识色彩，与众不同。

（1）复合的材质语言

要营造具有特色的、艺术性强、个性化的空间环境，往往需要若干种不同材料组合起来进行装饰。各界面装饰在选材时，既要组合好各种材料的肌理质地，又要协调好各种材料质感的对比关系。在许多情况下，材料语言是复合性的。所谓复合，大多是指两种或三种材料紧密结合产生的材料语言。这种材料语言虽非单一材料，但常常被视为一体，仍有明显的单纯性，复合材料语言也产生于相同材料的相互连接中。

设计材料的美感体现通常是靠对比手法来实现的。多种材料运用平面与立体、大与小、简与繁、粗与细等对比手法产生相互烘托、互补的作用。不同的材质带给人不同的视觉、触觉、心理感受。在设计过程中，要精于在体察材料内在构造和美的基础上选材，贵在材料的合理配置和质感的和谐运用。

关键是把材料本身具有的肌理美感、色彩美感、材质美感用巧、用好。根据功能的、经济的、实用的、艺术的、合理的“异质同构”，层次分明，相得益彰，起到点石成金，化腐朽为神奇的作用。

（2）多种材料的质感的两种组合方式

材质的对比既有相似材质的对比，又有多种材质的对比。材料质感的具体呈现是在室内环境中各界面上相同或不同材料的相互组合。

1）相似材料的组合。相似材质配置，是对两种或两种以上相仿质地材料的组合与配置。同样是铜的材质，紫铜、黄铜、青铜因合金成分的不同，呈现出细微差别的色彩和质感，运用相似材质对比易于体现出材料的含蓄感和精细感，达到微差上的美感。又如，同属木质质感的桃木、梨木、柏木，因生长的地域、年轮周期的不同，而形成纹理的差异。这些相似肌理的材料组合，在环境效果上起到中介和过渡作用。采用同一木材饰面板装饰墙面或家具，可以采用对缝、拼角、压线手法，通过肌理的横直纹理设置、纹理的走向、肌理的微差、凹凸变化来实现组合构成关系。

2）多种材质的组合。多种材质的配置，是数种截然不同的材质搭配使用。如亚光材质与亮光材质，坚硬的材质与柔软的材质，粗犷的材质与细腻的材质等的配置对比，相互显示其材质的表现力和张力，展示其美的属性。

设计材料的美感体现通常是靠对比手法来实现的。多种材料运用平面与立体、大与小、简与繁、粗与细等对比手法产生相互烘托、互补的作用。多样的材质带给人不同的视觉、触觉、心理感受。所以，在室内环境设计中，各界面装饰在选材时，既要组合好各种材料的肌理质地，又要协调好各种材料质感的对比关系。所以，要营造具有特色的、艺术性强、个性化的空间环境，往往需要将若干种不同材料组合起来进行装饰，把材料本身具有的质地美和肌理美充分地展现出来。

2. 材料分格与转角处理

材料的分割、分块是材料加工工艺的必然工序，也能为运输搬运提供方便。材料与材料之间的分格缝是能减少因温度变化或材料收缩产生的不规则裂缝而设置的缝，或是由于材料本身的尺寸不够铺装时所必须采取多块和多组材料组合才能达到所要的效果，材料之间的分缝处理是设计中不应忽视的问题。

分格缝中的凹凸线条也是构成立面装饰效果的因素。抹灰、水刷石、天然石材、混凝土条板等设置分块、分格，除了为防止开裂以及满足施工接茬的需要外，也是装饰面在比例、尺度感上的需要。

例如，目前多见的本色水泥砂浆抹面的建筑物，一般均采取划横向凹缝或用其他质地和颜色的材料嵌缝，这种做法不仅克服了光面抹面质感的缺陷，同时还可减轻大面积抹面颜色欠均匀的感觉。

3. 材料的光影设计

“阴影，有投射阴影，也有附着在物体旁边的阴影。附着阴影可以通过它的形状、空间定向以及它与光源的距离，直接把物体衬托出来。投射阴影就是指一个物体投射在另一个物体上面的影子，有时还包括同一物体中某个部分投射在另一个部分上的影子。”

在通常的室外日光作用下有逆影、投影、折光，正确、适度地运用光影和肌理的强弱、粗细，是室内设计和制作的重要技巧，也是选择室内材料的重要前提，处理光影和肌理的虚实变化则是设计者艺术素质的反映。

除材料的本色之外，光影和肌理是塑造形态的重要条件。同样的材料，由于光影和肌理的运用不同，给人的视觉感受是完全不一样的。

4. 相同材料不同的用法

在我们周围的生活中存在着两种类型的材料，一种是常规型的材料，也就是经常要用的材料；另一种是反常型、偶然使用的材料。是否这些常规型的材料不能做出好的空间效果呢？是不是不能用了呢？其实正相反，如果能把这类材料用好就更珍贵了，很多大师级的设计师专门使用别人常用的材料，如果用得好、用得妙，用得有新意，那将是不同一般的成功之作。当然，这就需要设计师有更高的艺术造诣了。

其实环境设计成功的关键，是追求个性化和多样化的结果，而相同的材料、不同的用法，就成了区别于一般化的极好办法，首先我们应跳出传统的取材限制，用艺术家的眼光来看待材料，运用材料。

设计师的敏感性突出表现在对客观事物的洞察能力上。当发现新型材料的特性或取材的范围又可来自于生活中的每个角落时，创作者就应尝试各种途径去发挥材料的最大极限，或软、或硬、或轻、或重，使用常规的或非常规的手段和技术，甚至使用破坏性的手段，如烧、溶、腐、碎等，其最终目的就是追求发挥其材料的特殊属性并为我所用。这种方式与其说是创作者给材料赋予了新的生命，倒不如讲是材料给了设计师创作的灵感。

（1）瓷砖的另类贴法

同样是瓷砖，不同肌理、图案、色彩，带人的感受是完全不同的。可采用不规则的形状斜向的排列，构成一幅独具风味的艺术拼贴画。由于这种装饰方法对贴面砖的要求较低，所以价格不高，打破固有的规则，于松散的状态下，无定势中彰显个性是瓷砖铺装方面的突破。

（2）壁画修复术的当代应用

湿壁画是一种十分耐久的壁饰绘画，将永久性抗碱色料溶解于水中，趁颜料新鲜时涂于灰泥壁上，有适当基底的室内湿壁画为最具有永久性的绘画技法之一。它有完美的亚光表层，色彩效果十分鲜明，随着时光的流失，老化后更显高贵气质。

如今国外有一些专门从事壁画修复的人员，凭借他们的经验和掌握的技法，为一些现代居室进行壁画创作，在室内装饰中达到了很好的装饰效果，是室内增加艺术氛围的一种手段。

（3）镜子顶棚

当镜子被当作装饰材料时，它在视觉上会扩大空间，给设计带来无穷的创作魅力。近几年设计师为弥补空间高度的不足，将其大量运用在顶棚上。顶棚镜的应用完全是对镜面传统功能的推翻，它有效地增加了空间的透视感，使人有种在现实与幻觉中穿行的感觉。

（4）建筑结构材料的应用

建筑结构上常用的材料也可以作为室内装饰材料予以应用。经过对材料市场的调研，不难看出市场中的大部分的材料价格比较昂贵，低廉材料的种类是很少的，在这少数种类中多是建筑结构方面的材料，那些较高价位的材料也并不完全可以用到任何环境中作为装饰。现在市场上有许多装饰材料的花样、规格、色彩等很俗套，较有档次的材料又都来自于进口的，因此价格很贵，一般的工程项目承受不起。所以设计师可以从一些廉价的材料入手，在廉价材料上做文章，在设计中加入自己巧妙的想法，将材料和空间一同设计，进一步取得好的视觉效果。例如，砖头、普通木材、玻璃、铁丝网、槽钢、加气混凝土等、利用廉价材料和一些废旧材料（有些材料根本都不用花钱）进行组织，从而做出有趣的材料组合体。

5. 超级平面美术的技法

超级平面美术在室内设计中通过其色彩与图像打破视觉局限构成，使室内空间达到快速传递信息的效果。超级平面美术可以形成立体的空间，而又与三维效果存在本质的区别，可以打破单调的六面体空间。它能够不受顶棚、墙面、地面的界面区分和限定，自由、任意地突出其抽象的图形，模糊或破坏室内空间中原有的形式，更重要的是在不耗费建材的情况下，带给我们视觉和实效的惊喜，快速简便，投资少。它可以因材施工，创造不同效果的室内气氛，具有相当大的发展空间，这些技巧即使在未来也会魅力不减。

5.3 材料设计案例

Mortensrud 教堂设计

（1）教堂简介

Mortensrud 教堂（图 5-2）坐落于挪威奥斯陆东南郊的一片山地之中。周围松树高大，岩石裸露。基地地处一道山脊之上，环境品质优良，周边松林密布，白雪皑皑。

设计要求与山顶形成几何对话，并且对现有地面不能实施爆破和挖掘，只能对土壤薄层进行必要的小心移除。

对于设计嵌入地形，如果是安藤，他可能会在这里放进一个方盒子，Actar Arquitectura 则会把建筑掩入地下，随地形起伏。

图 5-2 Mortensrud 教堂外观

JSA（Jensen & Skodvin Arkitektkontor）建筑事务所的策略是在这两极之间。最终显露在外的结果既不是一个纯净的几何体积，也没有通过模拟地形来取得与基地的关系，而是一组貌似堆砌的形体。

设计者的控制隐藏在形式之下，并非压迫性地显露在外（图 5-3）。

该设计对于地形的处理，力求在自然和人工间寻求微妙的平衡。在教堂的室内和室外平台上，有四组岩石十分醒目，这是原有地形自然突破人工基座的结果。基座顶面低于原有地形的最高点，使得自然元素通过一种直接而巧妙的方式进入人工环境（图 5-4）。

图 5-3　控制隐藏在形式之下

图 5-4　自然与人工的平衡

（2）材料分析

地面自然元素与人工元素形成了一种反复叠合的关系（图 5-5）：树木（自然）落在木质平台（半自然）上，木质平台落在矩形基座（人工）上，基座落在山脊（自然）上，而山脊的尖端又刺破了人工的基座。反复叠合使得自然和人工的界限被模糊，设计在体验上也就具有了巨大的包容性。这种严密的反复叠合正是推动设计意图实现的关键所在。

Mortensrud 教堂的材料、结构与体积有明确的对应关系。中殿和光廊部分为钢结构，侧廊以及前厅部分为混凝土结构。规整的工字钢柱网因为地面岩石的缘故而进行了局部调整。这种刻意的避让增强了设计者地形处理逻辑的可信度，也使得严密的结构中透出一丝轻松。整个设计始终游走在严密和轻松之间（图 5-6）。

图 5-5　地面自然元素与人工元素反复叠合

图 5-6　钢、混凝土与石材

这些石片被平放，紧密叠合在一起，其间未使用任何胶黏剂，但是仅靠结构钢梁的支撑无法保证石片墙的稳定。建筑师的做法是在钢柱之间加入通长的水平钢片，片与片间距 1m，从而解决了稳定问题（图 5-7）。这些水平钢片又通过一条条预先扭好的钢片与外部幕墙的立梃相联系，对幕墙提供支持。这些做法糅合了工业化操作的严整和手工技艺的率真，处处传达着设计者细腻微妙的意图。同样，在扶手栏杆的处理和砖券下照明灯具的选择等方面，可以看到这个意图反复浮现（图 5-8）。

设计中出现的主要饰面材料有石片、砖、金属、木、玻璃幕墙等（图 5-9）。这种选择既跟基地的自然属性和北欧建造传统有关，也与建筑师的个人趣味有紧密联系。在表列各种材料的使用部位之后，可以发现其间的分布规律。砖拱券的形式出现在侧廊部分的顶棚和内墙面上（图 5-10）；所有非平屋面都使用了金属屋面；木材出现在室外地坪上，代表了半人工的元素；光廊部分的体积则是由全玻璃幕墙包裹（图 5-11）。

图 5-7　结构与体积

图 5-8　通长水平钢片

图 5-9　木材、玻璃、钢与石材

图 5-10　侧廊——砖拱券

作为设计中最具视觉吸引力的石片，则出现在两种部位。一处是礼拜堂两侧侧廊和服务部分的外墙，与同样是石片饰面的基座连成一片，帮助设计建立与基地的联系。这部分在高度上分布在二层层高线以下。另一处是作为礼拜堂空间限定的石片墙，出现在二层层高线以上。这一圈厚重的石片墙以下的部分却非常通透，似乎颠覆了日常的重力关系，呈现出视觉的紧张（图 5-12、图 5-13）。

图 5-11　光廊部分——玻璃幕墙

图 5-12　教堂侧廊——石材

图 5-13　教堂内部

5.4　材料设计练习

请制作图 5-14 所示户型的地面、立面、顶棚布置图，并标注各图所用材料。

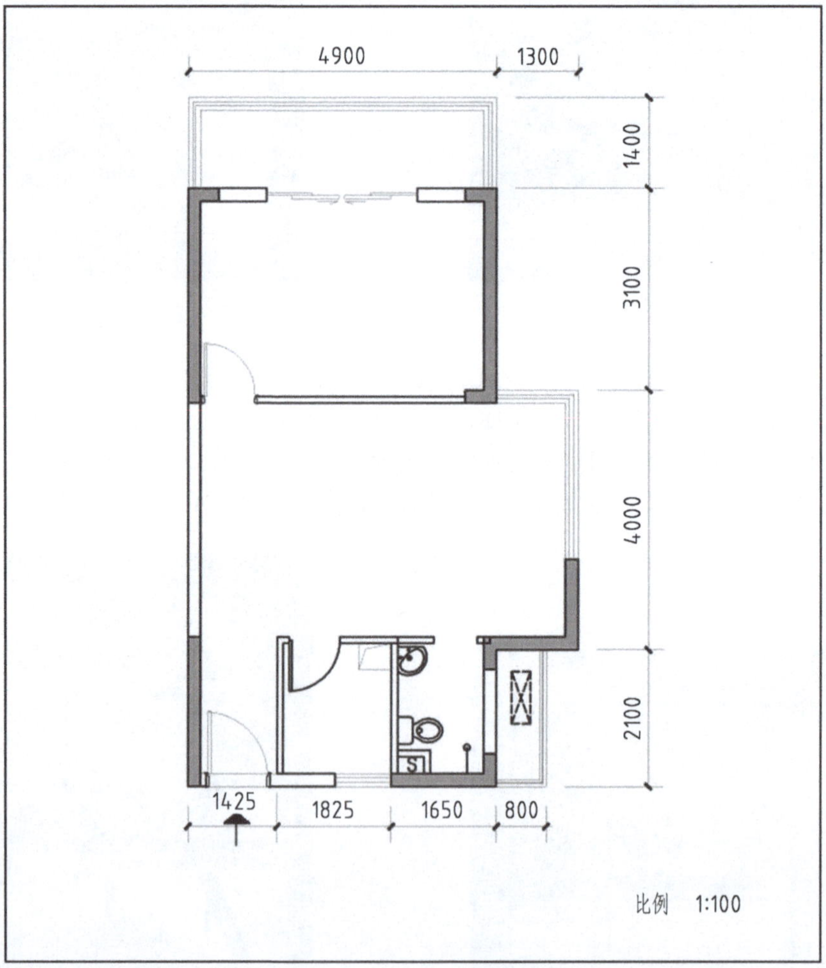

图 5-14　60m^2 户型原平面图

第 6 章　室内装饰照明 | CHAPTER 6

学习目标：通过对本章的学习，了解室内装饰设计照明的相关内容，熟知照明设计要点及设计色彩的运用。

学习要求：

能力目标	知识要点	相关知识	权重
理解能力	照明要素	光的特征与视觉效应 采光与照明常用的度量单位 光色 材料的光学性质	30%
掌握能力	照明设计的方法	眩光的控制 亮度比的控制 室内采光部位 室内照明方式 照明的布局形式 室内照明作用与艺术效果	30%
应用能力	照明设计的运用		40%

6.1 照明要素

就人的视觉来说，没有光也就没有一切。在室内设计中，光不仅满足了人们视觉功能的需要，而且是一个重要的美学因素。光可以形成空间、改变空间或者破坏空间，它直接影响到人对物体大小、形状、质地和色彩的感知。研究证明，光还影响细胞的再生长、激素的产生、腺体的分泌以及如体温、身体的活动和食物的消耗等的生理节奏。因此，室内照明是室内设计的重要组成部分之一，在设计之初就应该加以考虑。

1. 光的特征与视觉效应

光像人们已知的电磁能一样，是一种能量的特殊形式，是具有波状运动的电磁辐射的巨大的连续统一体中的很狭小的一部分。这种射线按其波长是可以度量的，它规定的度量单位是纳米。人们谈到光，经常以波长做参考，辐射波在它们所含的总的能量上，也是各不相同的，辐射波的力量与其振幅有关。波的振幅是它的波峰或波谷值，以其平均点来度量，像海里的波升到最高峰，并有最深谷，深的波比浅波具有更大的力量。

2. 采光与照明常用的度量单位

（1）光通量

人眼对不同波长的电磁波，在不同辐射量的情况下，有不同的明暗感觉，人眼的这个视觉特性称为视觉度，并以光通量作为基准单位来衡量。

光通量是指人眼所能感觉到的辐射能量。单位：流 [明]（lm）。

（2）发光强度

点光源在一定方向内单位立体角的光通量。单位：坎 [德拉]（cd）。

（3）照度

落在照射物体单位面积上的光通量叫作照度。单位：勒 [克斯]（lx）。

（4）亮度

物体表面发出（或反射）的明亮程度。

Ⅰ发光体：单位为熙提（sb）。

Ⅱ发射体：单位为亚熙提（asb）。

亮度作为一种主观的评价和感觉，与照度的概念不同，它是表示由被照面的单位面积所反射出来的光通量，也称发光亮，因此与被照面的反射率有关。例如在同样的照度下，白纸看起来比黑纸要亮。有许多因素影响亮度的评价，诸如照度、表面特性、视觉、背景、注视的持续时间甚至包括人眼的特性。

3. 光色

光色主要取决于光源的色温，并影响室内的气氛。色温低，感觉温暖；色温高，感觉凉爽。一般色温小于 3300K 为暖色，色温大于 3300K 且小于 5300K 为中间色，色温大于 5300K 为冷色。光源的色温应与照度相适应，即随着照度增加，色温也应相应提高。否则，在低色温、高照度下，会使人感到酷热；而在高色温、低照度下，会使人感到阴冷的气氛。

设计者应联系光、目的物和空间的彼此关系，以判断其相互影响的效果。光的强度能影响人对色彩的感觉，如红色的帘幕在强光下更鲜明，而弱光将使蓝色和绿色更突出。设计者应有意识地去利用不同色光的灯具，进行调整以使之创造出所希望达到的照明效果。如点光源的白炽灯与中间色的高亮度荧光灯相配合。

人工光源的光色，一般以显色指数 *Ra* 表示，*Ra* 最大值为 100，80 以上显色性为优良；50~79 显色性为一般；50 以下显色性为差。

白炽灯 *Ra*=97；卤钨灯 *Ra*=95~99；白色荧光灯 *Ra*=55~85；日光灯 *Ra*=75~94；高压汞灯 *Ra*=20~30；高压钠灯 *Ra*=20~25；氙灯 *Ra*=90~94。

光是有不同颜色的，对照明而言，光和色是不可分的，在光色的协调和处理上必须注意的问题有以下两点。

1）色彩的设计必须注意光色的影响：一是光色会对整个的环境色调产生影响，可以利用它去营造气氛色调；二是光亮对色彩的影响，眼睛的色彩分辨能力是与光亮度有关的，与亮度成正比。因对黑暗敏感的杆体是色盲，在黑暗环境下眼睛几乎是色盲，色彩失去意义。因此，在一般环境下色彩可正常处理，在黑暗环境中应提高色彩的纯度或不采用色彩处理，而以明暗对比的手法代之。

2）色彩的还原：光色会影响人对物体本来色彩的观察，造成失真，影响人对物体的印象。日光色是色彩还原的最佳光源，食物用暖色光，蔬菜用黄色光比较好。

4. 材料的光学性质

光遇到物体后，某些光线被反射，称为反射光；光也能被物体吸收，转化为热能，使物体温度上升，并把热量辐射至室内外，被吸收的光就看不见；还有一些光可以透过物体，称透射光。这三部分光的光通量总和等于入射光通量。

设入射光通量为 F，反射光通量为 F_1，透射光通量为 F_2。

反射率　　$\rho=F_1/F$

透射率　　$r=F_2/F$

吸收率　　$a=(F-F_1-F_2)/F$

即　　$\rho+r+a=1$

当光射到光滑表面的不透明材料上，如镜面和金属镜面，则产生定向反射，其入射角等于反射角，并处于同一平面；如果射到不透明的粗糙表面时，则产生漫射光。材料的透明度导致透射光离开物质以不同的方式透射，当材料两表面平行，透射光线方向和入射光线方向不变；两表面不平行，则因折射角不同，透过的光线就不平行；非定向光被称为漫射光，是由一个相对粗糙的表面产生非定向的反射，或由内部的反射和折射，以及由内部相对大的粒子引起的。

6.2 照明设计的方法

1. 眩光的控制

眩光与光源的亮度、人的视觉有关。眩光是视野范围内亮度差异悬殊时产生的，如夜间行车时对面的灯光，夏季在太阳下眺望水面等。产生眩光的因素主要有直接的发光体和间接的反射面两种。眩光的主要危害在于产生残像，破坏视力，破坏暗适应，降低视力，分散注意力，降低工作效率，产生视觉疲劳。对于由强光直射人眼而引起的直射眩光，应采取遮阳的办法；对于人工光源，避免的办法是降低光源的亮度、移动光源位置和隐蔽光源。当光源处于眩光区之外，即在视平线 45° 之外，眩光就不严重，遮光灯罩可以隐蔽光源，避免眩光。遮挡角与保护角之和为 90°，遮挡角的标准各国规定不一，一般为 60°~70°，这样保护角为 20°~30°。因反射光引起的反射眩光，决定于光源位置和工作面或注视面的相互位置，避免的办法是，将其相互位置调整到反射光在人的视觉工作区域之外。

消除眩光的方法主要有两种：一是将光源移出视野，人的活动尽管是复杂多样的，但视线的活动还是有一定的规律的，大部分集中于视平线以下，因而将灯光安装在正常视野以上，水平线上 25°，要是 45° 以上更好；二是间接照明，反射光和漫射光都是良好的间接照明，可消除眩光，阴影也会影响视线的观察，间接照明可消除阴影，如图 6-1~ 图 6-3 所示。

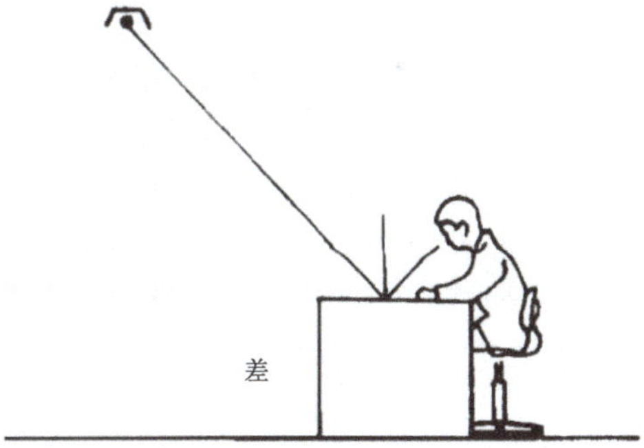

图 6-1 照明与角度（1）

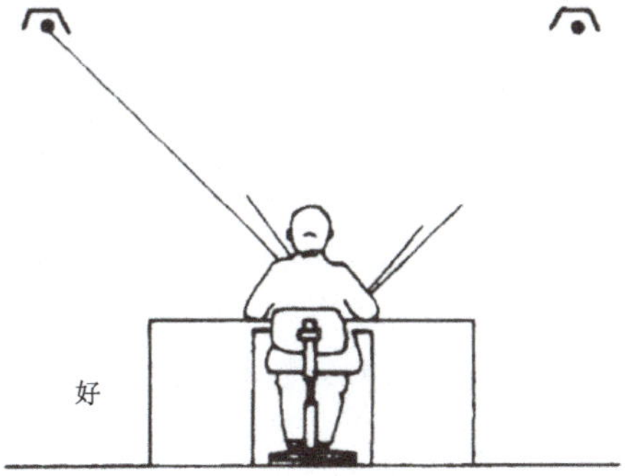

图 6-2 照明与角度（2）

2. 亮度比的控制

控制整个室内合理的亮度比例和照度分配，与灯具布置方式有关。

（1）一般灯具布置方式

1）整体照明：其特点是常采用匀称的镶嵌于顶棚上的固定照明，这种形式为照明提供了一个良好的水平面和在工作面上照度均匀一致，在光线经过的空间没有障碍，任何地方光线充足，便于任意布置家具，并适合于空调和照明相结合。但是耗电量大，在能源紧张的条件下是不经济的，否则就要将整个照度降低。

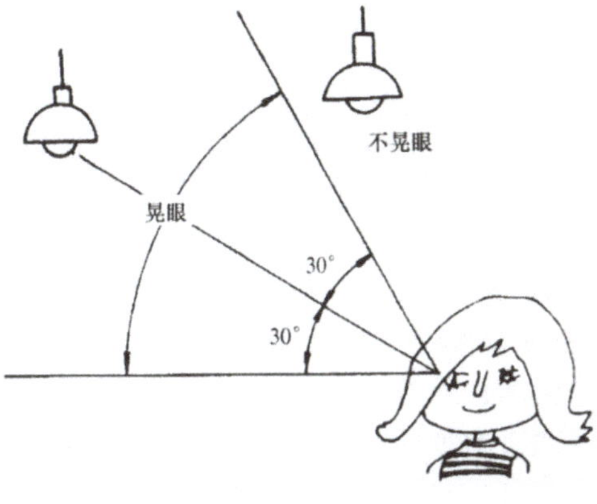

图 6-3 照射角与眩光

2）局部照明：为了节约能源，在工作需要的地方才设置光源，并且还可以提供开关和灯光减弱装备，使照明水平能适应不同变化的需要。但在暗的房间仅有单独的光源下进行工作时，容易引起紧张和损害眼睛。

3）整体与局部混合照明：为了改善上述照明的缺点，将 90%~95% 的光用于工作照明，将 5%~10% 的光用于环境照明。

4）成角照明：是采用特别设计的反射罩，使光线射向主要方向的一种办法。这种照明是由于墙表面的照明和对表现装饰材料质感的需要而发展起来的。

（2）照明地带分区

1）顶棚地带：常用为一般照明或工作照明，由于顶棚所处位置的特殊性，对照明的艺术作用有重要的地位。

2）周围地带：处于普遍的视野范围内，照明应特别需要避免眩光，并希望简化。周围地带的亮度应大于顶棚地带，否则将造成视觉的混乱，而妨碍对空间的理解和对方向的识别，并妨碍对有吸引力的趣味中心的识别。

3）使用地带：使用地带的工作照明是需要的，通常各国颁布有不同工作场所要求的最低照度标准。

上述三种地带的照明应保持微妙的平衡，一般认为使用地带的照明与顶棚和周围地带照明之比为（2~3）：1或更少一些，视觉的变化才趋向于最小。

3. 室内采光部位

利用自然采光，不仅可以节约能源，并且在视觉上更为习惯和舒适，在心理上能与自然接近、协调，人们可以看到室外景色，更能满足精神上的要求，如果按照精确的采光标准，日光完全可以在全年提供足够的室内照明。室内采光效果，主要取决于采光部位和采光口的面积大小和布置形式，一般分为侧光、高侧光和顶光三种形式。侧光可以选择良好的朝向、室外景观，使用、维护比较方便，但当房间的进深增加时，采光效率很快降低。因此，常加高窗的高度或采用双向采光或转角采光来弥补这一缺点。

顶光的照度分布均匀，影响室内照度的因素较少，但当上部有障碍物时，照度就急剧下降。此外，在管理、维修方面较为困难。

室内采光还受到室外周围环境和室内界面装饰处理的影响，如室外临近的建筑物，既可阻挡日光的射入，又可从墙面反射一部分日光进入室内。此外，窗面对室内来说，可视为一个面光源，它通过室内界面的反射，增加了室内的照度。由此可见，进入室内的日光因素由三部分组成：直接天光，外部反射光，室内反射光。

此外，窗子的方位也影响室内的采光，当面向太阳时，室内所接收的光线要比其他方向的要多。窗子采用的玻璃材料的透射系数不同，则室内的采光效果也不同。

自然采光一般采取遮阳措施，以避免阳光直射室内所产生的眩光和过热的不适感觉。但阳光对活跃室内气氛，创造空间立体感以及光影的对比效果，起着重要的作用。

光源类型可以分为自然光源和人工光源。在白天才能感到的自然光，即昼光。昼光由直射地面的阳光和天空光组成。自然光源主要是日光，日光的光源是太阳，太阳连续发出的辐射能量相当于约6000K色温的黑色辐射体，但太阳的能量在到达地球表面时，经过了化学元素、水分、尘埃微粒的吸收和扩散。被大气层扩散后的太阳能能产生蓝天，或称天光，这个蓝天才是作为有效的日光光源，它和大气层外的直接的阳光是不同的。当太阳高度角较低时，由于太阳光在大气中通过的路程长，太阳光谱分布中的短波成分相对减少更为显著，在朝、暮时，天空呈红色。当大气中的水蒸气和尘雾多，混浊度大时，天空亮度高而呈白色。

人工光源主要有白炽灯、荧光灯、氖管灯、高压放电灯。家庭和一般公共建筑所用的主要人工光源是白炽灯和荧光灯，高压放电灯由于其管理费用较少，近年也有所增加。

（1）白炽灯

自从爱迪生时代起，白炽灯基本上保留了同样的构造，即由两金属支架间的一根灯丝，在气体或真空中发热而发光。在白炽灯光源中发生的变化是增加玻璃罩、漫射罩，以及反射板、透镜和滤光镜等去进一步控制光。

白炽灯可用不同外罩制成，一些采用晶亮光滑的玻璃，另一些采用喷砂或酸蚀消光，或用硅石粉末涂在灯泡内壁，使光更柔和。

白炽灯的优点：

1）光源小，便宜。

2）具有种类极多的灯罩形式，并配有轻便灯架、顶棚和墙上的安装用具及隐蔽装置。

3）通用性广，彩色品种多。

4）具有定向、散射、漫射等多种形式。

5）能用于加强物体立体感。

6）白炽灯的色光最接近于太阳光色。

白炽灯的缺点：

1）暖色和带黄色光的白炽灯，有时不一定受欢迎。

2）对所需电的总量来说，白炽灯发出较低的光通量，产生的热为80%，光仅为20%。

3）寿命相对较短。

（2）荧光灯

荧光灯是一种低压放电灯，灯管内是荧光粉涂层，能把紫外线转变为可见光，并有冷白色、暖白色、Deluxe冷白色、Deluxe暖白色和增强光等。颜色变化是由管内荧光粉涂层方式控制的。Deluxe暖白色最接近于白炽灯，Deluxe管放射更多的红色，荧光灯产生均匀的散射光，发光效率为白炽灯的1000倍，其寿命为白炽灯的10~15倍，因此荧光灯不仅节约电，而且可节省更换费用。

（3）氖管灯（霓红灯）

霓红灯多用于商业标志和艺术照明，近年来也用于其他一些建筑。形成霓红灯的色彩变化是由管内的荧粉层和充满管内的各种混合气体，并非所有的管都是氖蒸气，氩和汞也都可用。霓红灯和所有放电灯一样，必须有镇流器能控制的电压。霓红灯是相当费电的，但很耐用。

（4）高压放电灯

高压放电灯至今一直用于工业和街道照明。小型的在形状上和白炽灯相似，有时稍大一点，内部充满汞蒸气、高压钠或各种蒸气的混合气体。用化学混合物或在管内涂荧光粉涂层，可校正色彩到一定程度。高压水银灯冷时趋于蓝色，高压钠灯带黄色，多蒸气混合灯冷时带绿色。高压灯都要求有一个镇流器，这样最经济，因为它们能产生很大的光量和很少的热，并且比日光灯寿命长50%，有些可达2400h。

不同类型的光源，具有不同色光和显色性能，对室内的气氛和物体的色彩产生不同的效果和影响，应按不同需要选择。

4. 室内照明方式

（1）直接照明

光线通过灯具射出，其中90%~100%的光通量到达假定的工作面上，这种照明方式为直接照明。这种照明方式具有强烈的明暗对比，并能造成有趣、生动的光影效果，可突出工作面在整个环境中的主导地位，但是由于亮度较高，应防止眩光的产生。

（2）半直接照明

半直接照明方式是将半透明材料制成的灯罩罩住光源上部，60%~90%以上的光线使之集中射向工作面，10%~40%被罩光线又经半透明灯罩扩散而向上漫射，其光线比较柔和。这种灯具常用于较低的房间的一般照明。由于漫射光线能照亮平顶，使房间顶部高度增加，因而能产生较高的空间感。

（3）间接照明

间接照明方式是将光源遮蔽而产生的间接光的照明方式，其中90%~100%的光通量通过顶棚或墙面反射作用于工作面，10%以下的光线则直接照射工作面。通常有两种处理方法，一种是将不透明的灯罩装在灯泡的下部，光线射向平顶或其他物体上反射成间接光线；另一种是把灯泡设在灯槽内，光线从平顶反射到室内成间接光线。这种照明方式单独使用时，需注意不透明灯罩下部的浓重阴影。通常和其他照明方式配合使用，才能取得特殊的艺术效果。商场、服饰店、会议室等场所，一般作为环境照明使用或提高景亮度。

（4）半间接照明

半间接照明方式恰好和半直接照明相反，它是把半透明的灯罩装在光源下部，60%以上的光线射向平顶，形成间接光源，10%~40%部分光线经灯罩向下扩散。这种方式能产生比较特殊的照明效果，使较低矮的房间有增高的感觉；也适用于住宅中的小空间部分，如门厅、过道、服饰店等。通常在学习的环境中采用这种照明方式，最为相宜。

（5）直接间接照明

直接间接照明装置对地面和顶棚提供近于相同的照度，即均为40%~60%，而周围光线只有很少一点，这样就必然在直接眩光区的亮度是低的。这是一种同时具有内部和外部反射灯泡的装置，如某些台灯和落地灯能产生直接间接光和漫射光。

（6）漫射照明方式

漫射照明方式是利用灯具的折射功能来控制眩光，将光线向四周扩散漫散。这种照明大体上有两种形式：一种是光线从灯罩上口射出经平顶反射，两侧从半透明灯罩扩散，下部从格栅扩散；另一种是用半透明灯罩把光线全部封闭而产生漫射。这类照明光线性能柔和，视觉舒适，适用于卧室。

（7）宽光束的直接照明

宽光束的直接照明具有强烈的明暗对比，并可形成有趣、生动的阴影，由于其光线直射于目的物，如不用反射灯泡，会产生强的眩光。鹅颈灯和导轨式照明属于这一类。

（8）高集光束的下射直接照明

因高度集中的光束而形成光焦点，可用于突出光的效果和强调重点的作用，它可提供在墙上或其他垂直面上充足的照度，但应防止过高的亮度比。

5. 照明的布局形式

照明布局形式分为三种，即基础照明（环境照明）、重点照明和装饰照明。在办公场所一般采用基础照明，而家居和一些服饰店等场所则会采用三者相结合的照明方式。具体照明方式视场景而定。

6. 室内照明作用与艺术效果

无论是公共场所还是家庭，光的作用都会影响到每一个人。室内照明设计就是利用光的一切特性，去创造所需要的光的环境，通过照明充分发挥其艺术作用，并表现在以下四个方面。

（1）不同的光色影响室内气氛的变化

室内的气氛由于不同的光色而变化。许多餐厅、咖啡馆和娱乐场所，常常用加重暖色，如粉红色、浅紫色，使整个空间具有温暖、欢乐、活跃的气氛，暖色光使人的皮肤、面容显得更健康、美丽。由于光色的加强，光的相对亮度相应减弱，使空间感觉亲切。家庭的卧室也常常因采用暖色光而显得更加温暖、和睦。冷色光也有许多用处，特别在夏季，青、绿色的光就使人感觉凉爽。应根据不同气候、环境和建筑的性格要求来确定。强烈的多彩照明，如霓虹灯、各色聚光灯，可以活跃室内的气氛，增加繁华热闹的节日气氛，现代家庭也常用一些红、绿色的装饰灯来点缀起居室、餐厅，以增加欢乐的气氛。不同色彩的透明或半透明材料，在增加室内光色上可以发挥很大的作用。在国外，某些餐厅既无整体照明，也无桌上吊灯，只用柔弱的星星点点的烛光照明来渲染气氛。

由于色彩随着光源的变化而不同，许多色调在白天阳光照耀下，显得光彩夺目，但日暮以后，如果没有适当的照明，就可能变得暗淡无光。因此，德国巴斯鲁大学心理学教授马克思·露西雅谈到如何利用照明时说："与其利用色彩来创造气氛，不如利用不同程度的照明，效果会更理想。"

（2）加强空间感和立体感

空间的不同效果，可以通过光的作用充分表现出来。实验证明，室内空间的开敞性与光的亮度成正比，亮的房间感觉会大一点，暗的房间感觉会小一点，充满房间的无形的漫射光，也使空间有无限的感觉，而直接光能加强物体的阴影，光影相对比，能加强空间的立体感。

可以利用光的作用，来加强希望注意的地方（如趣味中心），也可以用来削弱不希望被注意的次要地方，从而进一步使空间得到完善和净化。许多商店为了突出新产品，可用亮度较高的重点照明，而相应地削弱次要的部位，获得良好的照明艺术效果。照明也可以使空间变得实和虚，许多台阶照明及家具的底部照明，使物体和地面"脱离"，形成悬浮的效果，进而使空间显得空透、轻盈。

（3）光影艺术与装饰照明

自然界的光影由日光、月光来安排，而室内的光影艺术就要靠设计师来创造。光的形式可以从尖利的小针点到漫无边际的无定形式，我们应该利用各种照明装置，在恰当的部位，以生动的光影效果来丰富室内的空间，既可以表现光为主，也可以表现影为主，还可以光影同时表现。

（4）照明的布置艺术和灯具造型艺术

光既可以是无形的，也可以是有形的，光源可隐藏，灯具却可暴露，有形、无形都是艺术。如某餐厅把光源隐蔽在靠墙座位背后，并利用螺旋形灯饰，造成特殊的光影效果和气氛。

大范围的照明，如顶棚、支架照明，常常以其独特的组织形式来吸引观众，如某商场用连续带形照明，使空间更显舒展。某酒吧利用环形玻璃晶体吊饰，其造型与家具布置相对应，并结合绿化，使空间富丽堂皇。某练习室照明、通风与屋面支架相结合，富有现代风格。采取“团体操”表演方式来布置灯具，是十分夺目的。它的关键不在个别灯管、灯泡本身，而在于组织和布置。最简单的荧光灯管和白炽小灯泡，一经精心组织，就能显现出千军万马的气氛和壮丽的景色。顶棚是表现布置照明艺术的最重要区域，因为它无所遮挡，稍一抬头就尽收眼底。因此，室内照明的重点常常选择在顶棚上，它像一张白纸可以做出丰富多彩的艺术形式来，而且常常结合建筑式样，或结合柱子的部位来达到照明和建筑的统一和谐。

灯具造型一般以小巧、精美、雅致为主要创作方向，因为它离人较近，常用于室内的立灯、台灯。灯具造型，一般可分为支架和灯罩两大部分进行统一设计。有些灯具设计重点放在支架上，也有些把重点放在灯罩上，不管哪种方式，整体造型必须协调统一。现代灯具都强调几何形体构成，在基本的球体、立方体、圆柱体、角锥体的基础上加以改造，演变成千姿百态的形式，同样运用对比、韵律等构图原则，达到新韵、独特的效果。但是在选用灯具的时候一定要与整个室内一致、统一，决不能孤立地评定优劣。

由于灯具是一种可以经常更换的消耗品和装饰品，因此它的美学观近似日常用品和服饰，具有流行性和变换性。由于它的构成简单，显得更利于创新和突破，但是市面上现有类型不多，这就要求照明设计者每年设计出新的产品，不断变化和更新，才能满足群众的要求，这也是小型灯具创作的基本规律。

不同的建筑部位，其室内照明也各异。

1）窗帘照明：将荧光灯管安置在窗帘盒背后，内漆白色以利反光，光源的一部分朝向顶棚，一部分向下照在窗帘或墙上，在窗帘顶和顶棚之间至少应有25cm空间，窗帘盒把设备和窗帘顶部隐藏起来。

2）花檐返光：用作整体照明，檐板设在墙和顶棚的交接处，至少应有15cm深度，荧光灯板布置在檐板之后，常采用较冷的荧光灯管，这样可以避免任何墙的变色。为使有最好的反射光，面板应涂以无光白色，花檐反光对引人注目的壁画、图画及墙面质地的展现是最有效的。在低顶棚的房间中，特别希望采用，因为它可以给人顶棚高度较高的印象。

3）凹槽口照明：这种槽形装置，通常靠近顶棚，使光向上照射，提供全部漫射光线。由于亮的漫射光引起顶棚表面似乎有退远的感觉，使其能创造开敞的效果和平静的气氛，且光线柔和。此外，从顶棚射来的反射光，可以缓和在房间内直接光源的热的集中辐射。

4）发光墙架：由墙上伸出的悬架，它布置的位置要比窗帘照明低，并与窗无必然的联系。

5）底面照明：任何建筑构件下部底面均可作为底面照明，某些构件下部空间为光源提供了一个遮蔽空间，这种照明方法常用于浴室、厨房、书架、镜子、壁龛和搁板。

6）龛孔照明：将光源隐蔽在凹处，这种照明方式包括提供集中照明的嵌板固定装置，可为圆的、方的或矩形的金属盒，安装在顶棚或墙内。

7）泛光照明：加强垂直墙面上照明的过程称为泛光照明，起到柔和质地和阴影的作用。泛光照明可以有其他许多方式。

8）发光面板：发光面板可以用在墙面、地面、顶棚或某一个独立装饰单元上，它将光源隐蔽在半透明的板后。发光顶棚是常用的一种，广泛用于厨房、浴室或其他工作区域，为人们提供一个舒适的无眩光的照明。但是发光顶棚有时会使人感觉好像处于有云层的阴暗天空之下。自然界的云是令人愉快的，因为它们经常流动变化，提供视觉的兴趣；而发光顶棚则是静态的，因此易造成阴暗和抑郁。在教室、会议室或类似这些地方，采用时更应小心，因为发光顶棚迫使眼睛引向下方，这样就易使人处于睡眠状态。另外，均匀的照度所提供的是较差的立体感视觉条件。

9）导轨照明：现代室内，也常用导轨照明，它包括一个凹槽或装在面上的电缆槽，灯支架就附在上面，布置在轨道内的圆辊可以很自由地转动，轨道可以连接或分段处理，做成不同的形状。这种灯能用于强调或平化质地和色彩，主要决定于灯的所在位置和角度。离墙远时，使光有较大的伸展，如欲加强墙面的光辉，应布置离墙 15~20cm 处，这样能创造视觉焦点和加强质感，常用于艺术照明。

10）环境照明：照明与家具陈设相结合，近年来在办公系统中应用最广泛，其光源布置与完整的家具和活动隔断结合在一起。家具的光洁面层，具有良好的反射光效果，在满足工作照明的同时，适当增加环境照明的需要。家具照明也常用于卧室、图书馆的家具上。

6.3 照明设计方案及案例

1. 不同居室空间室内照明设计方案

室内照明设计在一定程度上也对居室具有装饰效果，不同空间应有不同的照明设计方案。不同的室内环境要配备不同数量、不同种类的灯具，以满足人们对光质、视觉卫生、光源利用等要求。室内的环境包括空间大小、形状、比例、功能，采用与之相适应的照明灯具和照明方式，才能体现其独特风格，满足其使用要求。

（1）客厅照明设计

客厅是家庭成员活动的中心，也是接待亲朋好友的场所，它的照明装饰应该产生宽阔感、柔和宁静感、亲切感。为使家人在日常的生活中能有恰当的照明条件，必须在设计时考虑各种可能性。客厅的灯光有两个功能，实用性的和装饰性的。从客厅的使用功能出发，客厅的照明设计会运用主照明和辅助照明的灯光交互搭配，来营造空间的氛围，常以一般照明与局部照明相结合，即一盏主灯，配多种辅助灯。灯饰的数量与亮度都可调，有光有影，以展现家庭风格。

客厅的灯具布置与选择要充分根据住户的家具摆设、装修的色调来确定，一般可在顶部居中设置吊灯，四周边缘设置数量不等的下射灯，下射灯的光源种类与颜色由住户自定。四周墙壁在适当位置设置花式壁灯，依据房间的大小可以选择 1~2 个，在墙角或适当位置可以设一活动式地灯，另还可以设 1~2 套荧光灯，既可采用壁灯方式，也可嵌入吊顶 。

主照明提供客厅空间大面积的光线，担任此任务的是光源来自上方的吊灯或吸顶灯，依据个人喜好的风格可以有不同的搭配。客厅的主灯具要与顶棚造型和装饰风格浑然一体，可选用吊花灯、吸顶灯，并采用调光器，按不同要求调整亮度。为了创造出温暖、热烈的气氛，应采用白炽灯作光源。若考虑明亮和经济，也可采用日光灯。

在辅助照明方面，泛指壁灯、台灯、立灯等这类尺寸较小的灯具，将其作为辅助照明，加强光线层次感。壁灯大多安装在玄关、走廊或门厅，主要起引导作用；近来灯具造型选择增加，亦有不少家庭使用壁灯来装饰角落，别有一番雅趣。

（2）餐厅照明设计

餐厅照明的焦点是餐桌，灯饰是否合理，直接影响人们的食欲。需有部分照明，如吊灯、吸顶灯，采用显色性好的下照白炽灯，用餐时食物被照亮，可提高食欲，增加味感，餐桌上方吊灯的安装高度一般离桌面 0.8~1.2m，桌面照度应比周围环境照度高出 3~5 倍。

（3）厨房照明设计

厨房照明应简朴大方，为了提高制作食物的热情，可采用较高照度的吸顶灯或光棚作照明；面积较大时，还可增加壁灯等局部照明。灶台上方一般利用抽油烟机机罩内的隐形小白炽灯照明。由于厨房多油污，不宜使用吊灯。

（4）楼梯和走廊照明设计

楼梯灯和走廊灯是以导向性为主题的照明，一般采用一开即亮的白炽吸顶灯、筒灯或壁灯。灯具开关宜设双控开关，装在楼上、楼下两处控制，声光控开关也很常用。若休息平台有装饰造型时，应加设聚光灯以加强装饰效果，但光影不宜太强烈，以免产生眩光。

（5）书房照明设计

书房的环境应文雅幽静，简洁明快。书桌面上的照明效果好坏直接影响学习的效率和眼睛的健康。整体照明可采用直接或半直接照明，台面的局部照明可采用悬臂式台灯或调光艺术台灯，所需照度是环境照度的3~5倍，精细工作为7~10倍。为检索方便可在书柜上设隐形灯。

（6）卧室照明设计

卧室照明需满足多方面的要求，如柔和、轻松、宁静、浪漫，同时又要满足装扮、着装，或者睡前阅读的需求。除了要提供易于安眠的柔和光源之外，更重要的是要以灯光的布置来缓解白天紧张的生活压力，消除一天工作的辛劳，卧室的灯具不必过多，灯光以柔和为原则。

卧室的主要照明光源在设计时要注意光线不要过强或发白，最好选择暖色光源的灯具，这样会使卧室感觉较为温馨。房间大灯最好选用双联开关控制，方便使用。

一般照明应避免产生眩光，眼睛不能直接看到光源。要在房间里创造一个均匀的不太亮的休息环境，可采用吸顶灯、小型吊灯、壁灯。局部照明可采用台灯、床头灯。若习惯坐在床上读书、看报，可在床头墙壁上方安装一只带开关的壁灯或聚光灯。灯具的位置应避免造成头影或手影，最好采用调光器，照明的范围不宜太大，以免影响他人休息。梳妆台灯具的照明范围应小且照度高，可用隐形射灯。

室内照明设计已成为室内设计的一项重要因素，它不再是事后补遗的工作，而是已经同房间布局、色彩、造型、材料等因素一起，成为室内设计中重要考虑的基本要素。室内照明设计，既要符合照明设计技术标准和相应设计规范，以满足人们视觉功能的要求，又要充分考虑人们的审美需要，满足其视觉的心理要求，从而为人们的工作、生活创造一个优美舒适的灯光环境，使其满意。

（7）浴室及卫生间照明设计

家庭浴室与盥洗室、厕所常集为一体，浴室可采用防潮型柔和的白炽灯以创造宁静氛围，卫生间则可使用顶棚筒灯、光棚、壁灯、镜前灯做较明亮的照明。镜前灯安装在以人眼水平视线为中心的120°锥角视线外，以免出现眩光。

2. 优秀照明设计案例分析

（1）上海世博会中国馆泛光照明设计

中国馆，作为世博场馆中最重要的场馆之一，其本身就应该成为世博会的一个精彩展品。国家馆经纬交错的斗拱造型气势磅礴，但这一外观对于照明而言却提出了挑战。焦点问题有灯具的隐藏、红色还原性、层次感、体量感等。设计团队经过大胆的创想、细致的科研、反复的论证、为国家馆的室外泛光照明提出了一个完整可行的方案。此次设计针对上海世博会中国馆——国家馆和地区馆的室外泛光照明（图6-4）。

图6-4　中国馆

国家馆设计理念：充分体现了中国文化的精神与气质。透过“东方之冠”“天下粮仓”“鼎盛中华”的象征寓意，国家馆的建筑精髓是斗拱结构，其顶部平面以“匠人营国”“九经九纬”的网格构架，外表使用了富有东方神韵的“中国红”。国家馆，是永久性、标志性建筑，体量巨大，气质古典。过于抢眼的、高频率、大规模的动态变化会喧宾夺主，设计在保持主要照明效果不变的基础上，在特定时刻，增加适量与建筑文化相吻合，与环境相协调的创意变化，提高建筑的生命力。

中国馆泛光照明设计通盘考虑，在建筑主体结构部分横梁的下檐口，安装多套集中控制的LED灯槽（3000K）对上层横梁底部投光，以求形成国家馆底层最亮、层层衰减的“退晕”效果。泛光照明设计中尽量隐藏灯具，要求灯具表面涂上与建筑颜色相仿的涂料，以免白天过度破坏建筑主体的外观现象。在泛光照明设计灯具的安装和选用上，通过调整灯具角度、控制LED光源的投射角度达到减少外溢光、防眩光的目的。此外，对于建筑表面大面积红色高反射率的铝板，夜间泛光照明设计形成的红色漫反射会影响到地区馆顶部观景平台，造成平台上的物体呈现红色，且显色性差。泛光照明设计中，通过在顶部设置蓝色和绿色光的投光灯，对红色漫反射区进行光谱综合，以求达到最佳的夜间视觉效果。

（2）拉斯维加斯凯撒皇宫酒店槽灯照明设计

拉斯维加斯的凯撒皇宫酒店给人以梦境般的感觉。道路两旁高级精品店鳞次栉比，顶棚上涂绘了蓝天和白云。顶棚的照明是用白炽灯调光调色，从早到晚的光线变化是用人工光源制作出来的（图6-5）。

图6-5　凯撒皇宫酒店商业区的黄昏景象（美国·内华达州·拉斯维加斯）

每1个小时再现1天的日光变化，就像完全在室外的感觉。另外，在白天的景观模式下，地面的照度尽管只有大约50lx左右，但是完全感觉不到昏暗。

槽灯照明使顶棚得到均匀的光亮，突出强调顶棚的明亮轮廓，有细长的道路和拱形的顶棚，就可以突出表现天空，制造出奇幻的感觉。

这样的照明设计有创意又新颖。作为商业区，既能吸引顾客又能增加名气。作为旅游区，增添了趣味性，吸引了很多慕名而来的游人，这种独特的照明设计功不可没。

（3）巴黎卢浮宫博物馆玻璃金字塔照明设计

人工照明和自然照明的合理运用，对玻璃金字塔的照明设计起到了至关重要的作用（图6-6）。游客身临其中，完全忘记了自己身处地下建筑内。这项照明技术的奥秘在于将玻璃表面下的支撑结构照亮，首要任务就是借助照明设备使钢结构看起来格外耀眼；其次就是照明设备的数量，必须让点光源能形成一条直线的布局。专门定制的照明设备配光为窄光束，光源采用100W低压卤钨灯，沿金字塔底座安装，作为方向性射灯使用。2004年底，经馆方认可，由20W陶瓷金卤灯替换原来的100W低压卤钨灯。新的照明系统，使得

图6-6　巴黎卢浮宫博物馆

玻璃金字塔更加灿烂迷人，而且大大降低了能耗，并延长了维护周期（图 6-7）。

在大厅和金字塔底座内，设计者采用嵌入式灯具为金字塔四面中的两面提供均匀、不反光的照明。高遮光角的不对称反光镜设计，使其能照亮凝灰石顶棚相邻的两个表面。此外，也可以安装应急灯和指向灯。礼堂区域采用卤钨墙面布光灯与顶棚的紧凑型荧光灯的间接照明相得益彰。根据建筑师要求，欧科（ERCO）照明的设计师让壁画照明在丙烯酸玻璃板上自行摆动。光比文字更能快速、安全地传送信息，因为光并不依赖于任何一种语言，因此用光来进行方向指引，这一点对经常有大量国际游客观光的卢浮宫而言，实在是有着决定性意义的举措。

图 6-7　巴黎卢浮宫博物馆玻璃金字塔

（4）北京奥运水立方照明设计

水立方的照明设计使得夜晚的水立方被最大程度展现它玲珑剔透、恬淡迷人的特征。照明设计延续其水“可变”的特质，通过灯光赋予它一种海水波澜般的动感。照明效果可模拟起伏而波光粼粼的水面，也可通过模拟光在水中的折射、透射和反射，模拟水下光感，需从视觉上达到一定的进深感、体积感和整体感。水波及其带来的光的变幻为必备主题。配合不同庆典事件的场合、季节转换及现场互动要求，水立方可呈现出不同的“表情”——不同的亮度、不同的颜色。在夜晚，这个湛蓝色的水分子建筑会与东面“阳刚”的国家体育场（“鸟巢”）交相呼应。

水立方艺术灯光景观是奥运场馆中最重大的景观灯光项目，也是全球标志性的景观灯光项目，使用了 40 多万支 LED 灯，构成世界上最大的 LED 艺术灯光工程。这将成为建筑景观照明领域的里程碑、大功率 LED 应用领域的里程碑、LED 分布式控制领域的里程碑（图 6-8）。该项目已获得科技部 863 重大专项支持，由上海广茂达艺术灯光景观工程公司的设计师和工程师系统设计、研发、生产、安装和调试。目前已申请近十项专利，可节能 80% 以上，水立方每天晚上将穿上不同的美丽新衣服，展现不一样的美丽心情。水立方艺术灯光景观是中国设计师、工程师和工人用自己的智慧和汗水实现科技奥运、人文奥运、绿色奥运理念的卓越典范。

图 6-8　奥运水立方

水立方幔态显示屏长 104m、高 20m，主体面积达 2080m^2。LED 显示系统安装在主体墙面多层 ETFE 充气膜的夹层之中。巨大的屏体面积和复杂的安装环境为整个工程增加了很大难度。

经过反复讨论论证，采用了“空腔内透光照明方式”，即在固定外层气枕的钢结构内侧安装灯具向外侧投射的照明方式，这样光只透过单个气枕，光的损失仅为空腔内透光照明方式的一半，可达到较为理想的照明效果。这种照明方式的采用，为建筑物景观照明增加了一种新的方式，开创了建筑物景观照明的先河，对于膜建筑和玻璃幕墙建筑的建筑物景观照明有着重要意义。

“水立方”要求 LED 灯具白天不要影响建筑外观，夜晚 LED 照明不要影响室内的照明，做到见光不见灯。由于 LED 光源表面亮度较大，如投射方向和角度不合适，在一定位置会看到光斑，影响照明效果。经过大量现场试验，确定了在气枕的下侧钢结构框上安装灯具，向上投射，这样就不会看到光斑。我们把这种布灯方式称为“沿边布灯单向投射”。这种布灯方式将是“空腔内透光照明方式”的主要布灯方式，为以后其他建筑物再采用“空腔内透光照明方式”解决了大问题。

“水立方”是以蓝色为基本色调的建筑，灯光是否还需要红光也成为探讨的话题。蓝色象征“水”，红色象征“火”，“水”与“火”是矛盾的统一体，有了红色会增加水的美。特别是在奥运期间或赛后的重大节日期间，为与喜庆的气氛相协调必须要有红色。采用 RGB 三基色，灯具可混合出 256×256×256 种色彩，点阵屏可混合出 8192×8192×8192 种色彩，丰富的色彩为场景设计提供了广阔的空间和舞台。

（5）关于橱窗照明设计

如想在商场众多的专卖品牌区脱颖而出，除了要有相应的装饰定位，灯光也要配合恰当。橱窗作为品牌专卖店的“脸面”，更是需要精致的装扮。橱窗中陈列的商品通过射灯重点照明，更突出细节，让橱窗商品受到更多的关注；同时，采用金卤射灯对橱窗照明，能让橱窗拥有更高的亮度，与店外通道亮度形成对比，产生丰富的空间层次（图 6-9）。

图 6-9　橱窗照明效果（1）

1）通透式照明：将灯具安装在橱窗上方的顶板中，平均分布，由上向下进行投光照明。灯光照亮整个橱窗内部空间，达到均匀通透的效果。它的好处在于，如果橱窗的亮度很高的话，顾客可以从很远就看到整个橱窗，起到吸引顾客的作用。一般可以把灯具安装在橱窗的顶部。

采用嵌入式的筒灯，在传统的橱窗照明当中，安装时都会安装在橱窗顶部的中间，那么装在中间就会产生一个问题，橱窗中的模特也是立在橱窗的中间，中间对中间就会造成光照射在模特的顶部是最亮的，模特的前面会有一些阴影，也就是说模特前面的清晰度就不够。但顾客在看橱窗的时候恰恰就是想把橱窗的前面看清晰。所以有一个小窍门，在安装灯具的时候，最好把灯装在顶部的前三分之一处，这样整个模特的正面会比较亮，清晰度就比较高了。

用嵌入式筒灯做照明的好处就是，筒灯投射出来的光线是比较宽的，正好可以把整个橱窗全部打亮（图 6-10）。

图 6-10　橱窗照明效果（2）

2）重点照明：可调角度射灯照明能突出重点，将可调角度射灯安装在橱窗上方的顶板中，由上向下对重要物体进行投光照明，起到突出重点的照明效果。重点照明灯具采用射灯，与筒灯的区别就在于它的照射角度是可调节的，这样可变化性就强一些。但是根据现在商业卖场的变化，对橱窗的要求越来越高，仅用筒灯和射灯这两款灯具已经远远满足不了橱窗的照明需求（图 6-11）。

图 6-11　橱窗照明效果（3）

3）可流动的照明：目前国外比较流行一种橱窗动态流动的照明效果，可以吸引潜在的顾客群。其原理是在橱窗的上部铺设轨道式的射灯，通过分成不同的射灯组合，像拍电影一样，每一种效果都是一个镜头，当把十种效果通过智能照明控制系统把它们连起来，灯光就可以产生动态的变化（图 6-12）。

图 6-12　橱窗照明效果（4）

设计情况：某品牌橱窗陈列要求在不同的季节，橱窗陈列需要有不同的变化，春夏秋冬四季分别以不同的陈列主题出现，且需要不同的照明效果来体现陈列主题。

设计分析：橱窗陈列是变化的，则需要多种照明效果并存，只是根据不同的主题来体现。

设计构思：采用轨道式射灯安装在橱窗上顶板，由上向下投光，根据春夏秋冬四季不同的陈列主题实现通透式照明效果、重点照明效果、不同光色效果等多种照明方式。

技术手段：采用轨道射灯，随时根据照明需要而增减灯具、移动灯具安装位置、更换光色等。轨道式射灯是指灯具安装在轨道上，随时可以增加或减少灯具的数量，随时可以移动灯具的安装位置，这样可变性就非常丰富了。

春：射灯灯光角度朝下，均匀投射白光，实现通透式照明效果。

夏：保留两个轨道射灯，灯光角度全部投射向模特身上，实现重点照明效果。由于夏天炎热，可选用比较冷的白光来体现。

秋：增加至三个射灯，光色换为黄光，对模特实现重点照明效果。

冬：保留两个轨道射灯，实现重点照明效果，同时增加其他辅助照明。

6.4 照明设计练习

请制作下面户型（图 6-13）的顶棚的平面灯具布置图，标注各种灯具的灯光颜色。

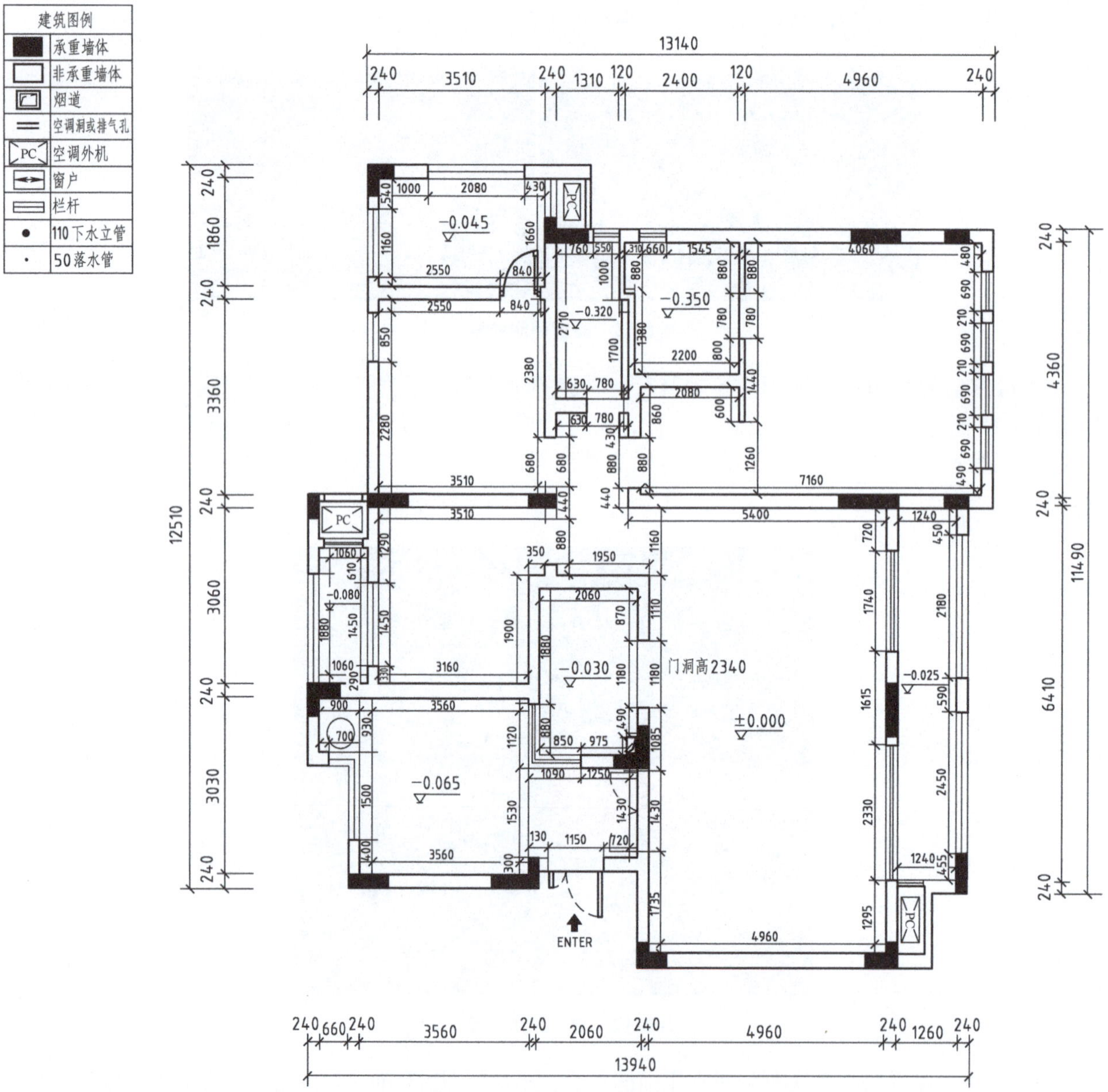

图 6-13　原始建筑墙体尺寸图

第 7 章　室内装饰的绿化和水体 | CHAPTER 7

学习目标： 通过本章学习，对建筑装饰绿化设计及水体设计的含义有所认识，熟悉室内绿化和水体设计的关系，掌握室内装饰绿化和水体设计的方法。

学习要求：

能力目标	知识要点	相关知识	权重
理解能力	建筑装饰的绿化和水体设计的要素	室内绿化的作用 室内绿化的布置方式 室内空间中的水元素 室内空间水元素设计的基本内容	30%
掌握能力	室内绿化和生态设计的关系	室内植物的选择 室内庭院的设计 室内绿化装饰的方法 水元素在室内空间设计中的形式 水元素在室内空间设计中的原则 水元素与室内其他设计要素的关联	30%
应用能力	室内绿化和水体设计的运用		40%

7.1 绿化与水体要素

7.1.1 室内绿化的作用

1. 净化空气、调节室内小气候

植物经光合作用吸收二氧化碳，释放氧气，而人是吸入氧气，呼出二氧化碳，使大气中的氧和二氧化碳达到平衡。

2. 组织空间、引导空间

（1）分隔空间的作用

以绿化分隔空间的范围是十分广泛的，如在两厅室之间、厅室与走道之间以及在某些大的厅室内需要分隔成小空间的，如办公室、餐厅、旅店大堂、展厅，此外在某些空间或场地的交界线，如室内外之间、室内地坪高差交界处等，都可用绿化进行分隔。某些空间分隔作用的围栏，如柱廊之间的围栏、临水建筑的防护栏、多层围廊的围栏等，均可结合绿化加以分隔。如广州花园酒店中庭，就是用绿化分隔空间的一例（图 7-1）。

对于重要的部位，如正对出入口，起到屏风作用的绿化，还需作重点处理，分隔的方式大多采用地面分隔方式，如有条件，也可采用悬垂植物由上而下进行空间分隔（图 7-2）。

（2）联系、引导空间的作用

联系室内外的方法很多，如通过铺地由室内延伸到室外，或利用墙面、顶棚或踏步的延伸，也都可以起到联系的作用。但是相比之下，都没有利用绿化更鲜明、更亲切、更自然、更惹人注目和喜爱。

许多宾馆常利用绿化的延伸联系室内外空间，起到过渡和渗透作用，通过连续的绿化布置，强化室内外空间的联系和统一。

绿化在室内的连续布置，从一个空间延伸到另一个空间，特别是空间的转折、过渡、改变方向之

处，更能发挥整体效果。绿化布置的连续和延伸，如果有意识地强化其突出、醒目的效果，那么通过视线的吸引，就起到了暗示和引导作用。方法一致，作用各异，在设计时应予以细心区别。如广州白天鹅宾馆在空间转折处布置的绿化，就起到了空间引导的作用。

图 7-1　广州花园酒店中庭

图 7-2　绿化分隔空间

（3）突出空间重点的作用

在大门入口处、楼梯出入口处、交通中心或转折处、走道尽端等地方，也就是空间的起始点、转折点、中心点、终结点等的重要视觉中心位置，以及引起人们特别注意的位置，常布置绿化设施。因此，常放置特别醒目的、更富有装饰效果的、甚至名贵的植物或花卉，使其起到强化空间、突出重点的作用。

布置在交通中心或尽端靠墙位置的，也常成为厅室的趣味中心而加以特别装点。这里应说明的是，位于交通路线的一切陈设，包括绿化在内，必须不妨碍交通和紧急疏散通道，并按空间大小形状选择相应的植物。如放在狭窄的过道边的植物，不宜选择低矮、枝叶向外扩展的植物，否则既妨碍交通又会损伤植物，因此应选择与空间更为协调的修长的植物。

树木花卉以其千姿百态的自然姿态、五彩缤纷的色彩、柔软飘逸的神态、蓬勃生命力，与冷漠、刻板的金属、玻璃制品及僵硬的建筑几何形体和线条形成强烈的对照。例如：乔木或灌木以其柔软的枝叶覆盖室内的大部分空间；蔓藤植物以其修长的枝条，从这一墙面伸展至另一墙面，或由上而下吊垂在墙面、柜、橱、书架上，如一串翡翠般的绿色枝叶装饰着，改变了室内空间，并予以一定的柔化和生气。这是其他任何室内装饰、陈设所不能代替的。此外，植物修剪后的人工几何形态，以其特殊色质与建筑在形式上取得协调，在质地上又起到刚柔对比的特殊效果（图 7-3）。

图 7-3　绿化作用

3. 柔化空间、增添生气

绿色植物，不论其形、色、质、味，或其枝干、花叶、果实如何，所显示出蓬勃向上、充满生机的力量，会引人奋发向上，热爱自然，热爱生活。植物生长的过程，是争取生存及与大自然搏斗的过程，其形态是自然形成的，没有任何掩饰和伪装。不少生长于缺水少土的山岩、墙垣之间的植物，盘根错节，横延纵伸，广布深钻，充分显示其为生存的斗争和无限生命力，在形式上是一幅抽象的天然图画，在内容上是一首生命赞美之歌。它的美是一种自然美，洁净、纯正、朴实无华，即使被人工剪裁，仍然显示其自强不息的顽强生命力。因此，树桩盆景之美与其说是一种造型美，倒不如说是一种生命之美。人们从中可以得到万般启迪，使人更加热爱生命，热爱自然，陶冶情操，净化心灵，与自然共呼吸。

4. 美化环境、陶冶情操

一定量的植物配置，使室内形成绿化空间，让人们置身于自然环境中，享受自然风光，不论工作、学习、休息，都能心旷神怡，悠然自得。同时，不同的植物种类有不同的枝叶花果和姿色，例如一丛丛鲜红的桃花，一簇簇硕果累累的金橘，给室内带来喜气洋洋，增添欢乐的节日气氛。苍松翠柏，给人以坚强、庄重、典雅之感。如遍置绿色植物和洁白纯净的兰花，使室内清香四溢，风雅宜人。此外，东西方对不同植物花卉均赋予一定的象征和含义，如我国古人喻莲为“出淤泥而不染，濯清涟而不妖”，象征高尚情操；喻竹为“未曾出土先有节，纵凌云霄也虚心”，象征高风亮节；称松、竹、梅为“岁寒三友”，梅、兰、竹、菊为“四君子”；喻牡丹为高贵，石榴为多子，萱草为忘忧等。在西方，紫罗兰为忠实、永恒；百合花为纯洁；郁金香为名誉；勿忘草为勿忘我等。

5. 抒发情怀、创造氛围

植物在四季时空变化中形成典型的四时即景：春花，夏树，秋叶，冬枝。一片柔和翠绿的林木，可以一夜间变成猩红，金黄色彩；一片布满蒲公英的草地，一夜间可变成一片白色的海洋。时迁景换，此情此景，无法形容。因此，不少宾馆设立四季厅，利用植物季节变化，可使室内改变不同情调和气氛，使旅客也获得时令感和常新的感觉（图 7-4）。此外，也可利用赏花时节，举行各种集会，为会议增添新的气氛。

图 7-4　绿化视觉效果

7.1.2　室内绿化的布置方式

（1）植物的摆放应与居室环境和谐

尺寸不同的植物，摆放位置的不同，均会使空间展现不同的表情，制造各异的效果（图 7-5）。

大型植物不但可以营造强烈的视觉感，成为室内焦点，而且，在家具较少的空间中，还是创造温暖氛围的重要角色。枝叶茂密的大株盆栽，同时也具有引导及遮蔽视线的功能（图 7-6）。

图 7-5　绿化布置方式（1）

图 7-6　绿化布置方式（2）

中型植物因为高度问题，不适合直接摆在地上，通常借外物增加其高度再置放为佳。例如，放在家具、支架、窗架上，还可以填补畸零的空间，随处创造绿荫意境（图 7-7）。

别致的小型植物，则宛如小型饰品惹人疼爱，可以随个人的心意摆放，亲近人心（图 7-8）。

图 7-7　绿化布置方式（3）

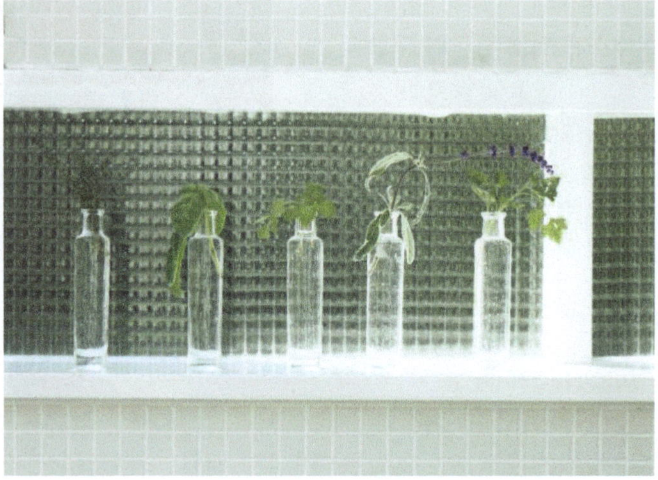

图 7-8　绿化布置方式（4）

（2）绿化应考虑视线的位置

摆置植物装饰无非是起到视觉上的享受，为了更有效地体现绿化的价值，在布置中就应该更多地考虑无论在任何角度来看都顺眼的最佳视点（图 7-9）。例如，餐厅的餐桌和客厅沙发是人们休息逗留时间比较长的地方，盆花摆放的位置就应该考虑到这些位置的角度。

而盆吊植物的高度，尤其是以视线仰望的，其位置和悬挂方向一定要讲究，以直接靠墙壁的吊架、盆架置放小型植物效果最佳。因为悬吊的植物是随风飘动的，如视线角度能恰到好处，就能别有一番情趣（图 7-10）。

图 7-9　绿化布置方式（5）

图 7-10　绿化布置方式（6）

（3）谨慎选择植物类型可弥补室内空间缺陷

现代居室风格趋向于简洁明快、直线构成，而绿色植物的轮廓自然，形态多变，大小、高低、疏密、曲直各不相同，与建筑居室直线方正形成了鲜明的对比，消除了壁面的生硬感和单调感，增强了空间的表现力度（图7-11）。

（4）挑选植物要考虑其气质是否与室内的风格相符

室内植物主要以盆栽和插水植物为主，在选择时，除了考虑体量的大小、植株的颜色、主人基本的喜好外，还要考虑植物的气质是否与室内的风格相符，以免格格不入，适得其反。如果能根据植物本身具有的特性搭配不同的家具，所起到的效果会更加完美（图7-12）。

图7-11 绿化布置方式（7）

图7-12 绿化布置方式（8）

因为每一种植物，都会呈现出不同的姿态与风情，有的可爱俏皮，有的原始粗犷，有的则简单淡雅。举例来讲，棕榈可以搭配铁艺及玻璃材质的家具；叶片细致的垂叶植物，让人犹如置身于庭院之中，可与柔软的印花棉布搭配；而线条瘦长清秀的植物，如丝兰、铃兰等，则适合极简风格的现代空间。

（5）植物应让家居感到温馨，有充满生气的祥和气氛

应该结合自己及家人的职业、情趣、爱好选择适合自己养植的植物。如平时公务繁忙的人，可以选择一些不怎么需要照顾或后期管理养护要求比较低的绿色植物，如吊兰等（图7-13）。而平时对绿色植物的养护兴趣比较大，且有较多精力打理的人，可以选择一些后期管理养护要求比较高的绿色植物，如西洋杜鹃等。另外，文雅一点的人可以选择兰花、文竹及一些盆景等摆放在室内（图7-14）。

图7-13 绿化布置方式（9）

图7-14 绿化布置方式（10）

随着空间位置的不同，绿化的作用和地位也随之变化，可分为如下三种：

1）处于重要地位的中心位置，如大厅中央。

2）处于较为主要的关键部位，如出入口处。

3）处于一般的边角地带，如墙边角。

室内绿化的布置应从平面和垂直两方面进行考虑，使之形成立体的绿色环境（图 7-15）。

（1）重点装饰与边角点缀

把室内绿化作为主要陈设并成为视觉中心，以其形、色的特有魅力来吸引人们，是许多厅室常采用的一种布置方式，它可以布置在厅室的中央。

（2）结合家具等陈设布置绿化

室内绿化在摆放位置上可结合家具在隔档进行放置，或者融合于室内陈设小品进行布置，如与花瓶、博古架、餐边柜等家具陈设进行结合。

图 7-15　绿化布置方式（11）

（3）组成背景、形成对比

绿化的另一作用，就是通过其独特的形、色、质，不论是绿叶或鲜花，不论是铺地或是屏障，集中布置成片的背景。

（4）垂直绿化

垂直绿化通常采用顶棚上悬吊的方式。

（5）沿窗布置绿化

靠窗布置绿化，能使植物接受更多的日照，并形成室内绿色景观，可以做成花槽或低台上置小型盆栽等方式。

7.1.3　室内空间中的水元素

水是人们生活中最常见的物质之一，包括人类在内所有生命的生存都必须依靠水，它也是生物体最重要的组成部分。越来越多的室内空间设计把水元素从室外引入室内，使人们在室内的空间之中也能感受水所带来的自然风采。水能带给人们心灵上的慰藉，对于室内空间意境的烘托使得水元素成为室内空间设计的重点要素之一。

1. 水元素的基本概念

室内空间水元素的运用是自然与人为的结合。在现代室内空间设计中经常会看到一些人造水池、落水、喷泉等，用来渲染空间氛围。在室外对于水的运用不断成熟的同时，人们将其转移到室内作为室内空间设计的新亮点，室内空间中运用水来对空间增色受到许多人的喜爱。根据室内空间的具体情况，如建筑结构、功能需要等因素允许的情况下，使用多种设计手法对室内空间进行全方面优化。

2. 水元素运用的发展历程

古代由于技术的原因对于水绝大多数都运用于室外，在室内空间的运用也仅限于鱼缸等小型的配景装饰。早期在设计中对于水的运用也大多与一些艺术品相结合，慢慢地开始与一些抽象的设计造型结合，与周边的环境相融合，而室内的水元素设计却并不像在室外那样常见。近现代，随着人们对于室内空间要求的提高，将水从室外引入室内，开拓了一个新的领域并飞速发展。植物、石也慢慢与水结合出在室内空间中的美景，不仅美化了环境、愉悦人们的身心，也对改善室内空间的小气候也起到了很大的作用。

7.1.4　室内空间水元素设计的基本内容

1. 喷泉

利用压力将水源从喷嘴喷向空中后自由落下所产生的景观成为喷泉。普通的喷泉是由各种款式的喷头单体设置或组合设置形成漂亮造型图案的喷泉，喷泉包含有白控喷泉、时控喷泉、声控喷泉、电脑遥控喷泉等。喷泉通常使用的喷头有单射流喷头、多头喷头、旋转型喷头、吸力喷头环形喷头、半球形喷头、喷雾喷头、平面喷头（图 7-16）。

图 7-16　室内喷泉

2. 涌泉

水流自下而上涌出，且高度并不是太高的水源称为涌泉。山东济南的趵突泉就是大自然的涌泉。设计师如果调试压力或者改变喷头的造型，就会产生不同形体、不同高低的涌泉，如今流行的时钟喷泉、标语喷泉，都是运用水喷头重复组合，利用计算机控制水压涌出水面较低的水柱（图 7-17）。

图 7-17　室内涌泉

3. 水幕

水流沿着塑料管或玻璃管落下形成各种造型称为水幕，这样的落水形式丰富多彩，造型多种多样，更加具有现代感。水幕的形式有激光水幕、水幕墙、水幕装饰。水幕装饰多为一个水循环流动的装饰品，个性的设计和独特的摆放，让整个室内空间光彩夺目。水幕装饰带给人们强大的生命力与活力，多用于公司企业的形象墙，会展中心的艺术走廊，公共会所的厨房和洗浴处等地（图 7-18）。

图 7-18　室内水幕

4. 壁泉

壁泉是将喷水口安置在墙壁上，自由喷出。壁泉由墙壁、水源口、水盘、水池组成。墙壁可以设计成各种造型，或采用多种材料砌筑而成；水源口多数隐藏在墙体内，或者是安置在石块下方，通常会选用石雕和金属雕饰。水源口喷出的水会落入水盘或水池，不同的水盘和水池形状流出的水会产生不同的形状。壁泉在室内空间中占用空间小，静中有动（图 7-19）。

图 7-19　室内壁泉

5. 叠水

喷泉中的水呈台阶状流出，或者是分层流出称为叠水。在景观设计中，常出现多层叠泉的形式，在国外的一些园林设计中，多数是利用多层台阶式的叠水。台阶有高有低，层次有多有少，构筑物的形式有规则式、自然式及其他形式，最终产生形式不同、水量不同、水声各异的丰富多彩的叠水（图 7-20）。

6. 水池

水池所呈现的气氛平和且不冷漠，在室内空间中能成为视觉的中心，也可以成为整体景色中的背景。在室内空间设计中，除常修筑小桥在水池上，还会修筑各种小岛，放养水生动植物。水池通常有自然形态、规则形态和混合形态三种类型。自然形态是根据实际空间大小自然形成水池，形成功能分区的分隔；规则形态有正方形、长方形、圆形；混合形态则是抽象、个性的图形组合而成（图 7-21）。

图 7-20　室内叠水

图 7-21　室内水池

7.2　绿化与水体设计方法

7.2.1　室内植物的选择

（1）了解不同植物的功能，选择居室内适宜摆放的植物

有的植物能吸收有害物质、净化空气，有的植物能杀菌，有的植物能驱虫，还有的植物具有保健功能，应根据不同居室的不同需要选择绿色植物。

1）能吸收有害物质，有效减轻居室中的环境污染，使室内空气清新洁净的植物：芦荟、吊兰、虎尾兰、龟背竹等，它们是天然的清道夫，可以清除空气中的有害物质，特别是在对付甲醛上颇有功效；绿萝、海芋（又名滴水观音）也是吸收甲醛的好手。

2）家里摆放植物应考虑“互补”功能，大部分植物是晚上释放二氧化碳，吸收氧气，而仙人掌、仙人指等植物的肉质茎上的气孔白天关闭、夜间打开，在吸收二氧化碳的同时制造出氧气，使室内空气中的负离子浓度增加。把这些具有“互补”功能的植物放于一室，则可平衡室内氧气和二氧化碳的含量，保持室内空气清新。虎皮兰、虎尾兰、龙舌兰等，这些植物也能在夜间净化空气，而且容易“伺候”，不需花过多时间精力来打理，就能生长茂盛。

3）具有杀菌功能的绿色植物：如桂花、柠檬、蔷薇、紫薇等，这些芳香花卉产生的挥发性油类具有显著的杀菌作用；柑橘、吊兰等，可使室内空气中的细菌和微生物大为减少；常春藤、普通芦荟，能对付从室外带回来的细菌。

4）具有驱蚊虫功能的绿色植物：如茉莉花之香气可驱蚊；薰衣草本身具有杀虫效果；猪笼草是典型的食虫植物，是捕蚊高手；天竺葵具有一种特有的气味，这种气味使蚊蝇闻味而逃，驱蚊效果很好；家里摆放食虫草，既能捉蚊又能吸尘；驱蚊香草散发的柠檬香味能达到驱蚊目的。

5）对人体具有保健的功能的植物：如玫瑰、紫罗兰、薄荷，这些植物可使人放松、精神愉快、提高工作效率；水仙香，能让人感到宁静、温馨；菊花、百合等花香，具有解除身心疲劳等功效。暖色花，可给人以热烈、兴奋、温暖的感觉，能增添人的食欲；冷色花，则给人以舒适、清爽、恬静的感受，有镇静作用。

6）虽然植物可以美化房间，但有一些花草是不宜进屋的。如夜来香晚间会散发大量强烈刺激嗅觉的微粒，对高血压和心脏病患者危害太大；松柏类花卉散发油香，容易令人感到恶心；夹竹桃花朵有毒性，花香容易使人昏睡；郁金香花朵有毒碱，过多接触毛发容易脱落。

（2）根据各个房间的功能选择布置合适的植物

由于居室内房间的功能各不相同，因此必须巧用心思来选择布置适合的植物。

客厅是家人团聚、会客、娱乐等的地方，一般来说，客厅是家庭中最大的一个空间。要选择体量高大、扩张型生长的、最有视觉效果的绿色植物，如巴西铁、发财树、棕竹、龟背竹等。这些植物还有“耐阴”的美德，不必过多地为它们的光照问题操心，按照家居摆设的需要安放即可。将它们放在沙发边、墙角、电视柜旁等处，必定会使客厅显得清凉高雅。茶几上可摆放小型的竹芋、袖珍蕨类。在客厅摆放植物时，应避免杂乱、零散的摆放，切忌整个厅内绿化布置过多，要有重点，否则会显得杂乱无章，俗不可耐。

餐厅是进餐的专用场所，也是全家人汇聚的空间，而且位置靠近厨房，浇水容易。配置一些开放着艳丽花朵的盆栽，如秋海棠和圣诞花之类，可以增添欢快的气氛，或将富于色彩变化的吊盆植物置于分隔柜上，把餐厅与其他功能区域分开。现代人很注重用餐区的清洁，因此，餐厅植物最好用无菌的培养土来种植。适宜摆设的植物有：番红花、仙客来、常春藤等。餐厅里，要避免摆设气味过于浓烈的植物，例如风信子。

书房是主人看书、学习的地方，要突出宁静、清新、幽雅的气氛，植物不宜多摆放。虞美人和水仙外形调皮，可盛放在圆形花瓶摆在书桌上，使人在伏案时也能精神奕奕。书架顶端可放一盆悬垂的常春藤或绿萝等。书房还可以选择文竹、兰花、小型盆栽观赏竹等，这些植物形态优美、叶姿态飘逸舒展，格调高雅，而且都有一定的寓意。康乃馨、茉莉也可选用，既能提神健脑，又能增添书房内的幽雅气氛。

卧室是人们放松休息的场所，需烘托恬静、温馨的卧室氛围。在宽敞的卧室里，可选用站立式的大型盆栽；小一点的卧室，则可选择吊挂式的盆栽，或将植物套上精美的套盆后摆放在窗台或化妆台上。卧室可以选择的植物：如茉莉花能散发香甜气味的植物，可令人在自然的芳香气息中酣然入睡；摆放君子兰、文竹等植物能松弛神经；还适合选置一些能吸收二氧化碳等废气的花草，如盆栽柑橘、迷迭香、吊兰等；绿萝这类叶大且喜水的植物也可以养在卧室内，使空气湿度保持在最佳状态。卧室的植物、植株的培养可用水苔取代土壤，以保持室内清洁。香味过浓的植物则不宜在卧室内放置，以免引起不适，影响睡眠与休息，如夜来香等。

厨房在住宅的家庭生活中非常重要，是一日三餐的备餐、烹饪以及用餐后洗涤餐具与整理等的地方。一般居室中厨房空间相对较小，而且多采用白色或浅色装潢，使用不锈钢水槽，色彩丰富的植物可以柔化硬朗的线条，为厨房注入一股生气。厨房有煤气、油烟味、温度高等不利因素，吊兰和绿萝具有较强的净化空气的功效。

卫生间是洗浴、盥洗、洗涤的场所，要注意选择喜阴、耐潮、能杀菌的植物（图 7-22），例如虎尾兰、常春藤、蕨类植物等。虎尾兰的叶子可以自己吸收空气中的水蒸气，是卫生间的理想选择。常春藤可以净化空气又能杀灭细菌，也是不错的选择。蕨类植物喜欢潮湿，不妨摆放在浴缸边。

图 7-22　绿化布置方式（12）

另外，儿童房可以摆放一些颜色艳丽一点的植物，但注意不要摆放仙人掌、仙人球等有刺的、容易伤害儿童的植物。

（3）了解绿色植物的象征特性，使选择布置的植物与居住的人产生关联

在我国的传统文化中，特别强调绿色植物的精神象征意义，用它们来陶冶情操，可满足人们的精神需要。

室内绿色的精神功能往往在于人对植物的联想，与这种需求心理联系在一起，植物也就有了不同的寓意。

例如：竹虚心有节，象征谦虚礼让，而且竹青葱脱俗，枝挺叶茂，更因为它是平安的象征，故世俗有“竹报平安”之语，且竹的外型还体现坚忍不拔的性格。梅花迎春怒放，象征不畏严寒，纯洁坚贞；兰花居静而芳，象征高风脱俗、友爱情深；菊花傲霜而立，象征离尘居隐、临危不屈；玫瑰花活泼纯洁，象征青春、爱情；石榴果实籽多，喻多子多福；桂花芳香高贵，象征胜利夺魁；紫罗兰象征忠实、永恒；百合花象征纯洁等。

富贵竹、仙人掌、棕竹、发财树、君子兰、兰花、仙客来、柑橘等植物被称为“吉利之物”，可寓意吉祥如意，聚财发福。另外，蕨类植物的羽状叶给人亲切感；铁海棠展现出刚硬多刺的茎干，使人敬而远之。人们之所以喜欢花草植物，一是因为花草植物本身的美让人移情，再就是因为它的雅，它的不俗。

综上所述，选择室内植物时，要考虑以下问题：

1）给室内创造怎样的气氛和印象。

2）在空间作用。

3）根据空间的大小，选择植物的尺度。

4）要考虑植物的养护问题。

5）要考虑植物的物理功能与心理效能。

7.2.2　室内庭院的设计

1. 室内庭院的意义和作用

室内庭院是室内空间的重要组成部分，是室内绿化的集中表现，是室内空间室外化的具体实现，使生活在楼宇中的人们方便地获得亲近自然的机会，可享受自然的沐浴而又不受外界气候变化的影响，这是现代文明的重要标志之一（图 7-23）。

图 7-23　庭院绿化（1）

2. 室内庭院的类型和组织

从室内绿化发展到室内庭院，使室内环境的改善达到

了一个新的高度。

室内庭院类型可以从采光条件、服务范围、空间位置以及跟地面关系进行分类。

（1）按采光条件分

1）自然采光：

① 顶部（通过玻璃屋顶采光）。

② 侧面采光（通过玻璃或开敞面）。

③ 顶、侧双面采光。

2）人工照明：一般通过盆栽方式定期更换。

（2）按位置和服务分

1）中心式庭院：位于建筑中心地带。

2）专门为某厅室服务的庭院：这种庭院的规模一般不大，常是专供某一厅室服务的，它类似我国传统民居中各种类型的小天井、小庭院，常利用建筑中的角落、死角组景（图 7-24）。

图 7-24 庭院绿化（2）

（3）根据庭院与地面的关系分

1）落地式庭院：位于低层。

2）屋顶式庭院：位于屋顶（空中花园）。

“室雅何须大，花香不在多。”太多的植物会破坏室内环境的整体感，不仅很难起到调节心情的作用，甚至会造成视觉疲劳。绿色植物的摆放，要讲科学，全面考虑，精心设计，充满美感。

7.2.3 室内绿化装饰的方法

室内绿化装饰方式除要根据植物材料的形态、大小、色彩及生态习性外，还要依据室内空间的大小、光线的强弱和季节变化及气氛而定。其装饰方法和形式多样，主要有陈列式、攀附式、悬垂吊挂式、壁挂式、栽植式及迷你型观叶植物绿化装饰等（图 7-25）。

1. 陈列式绿化装饰

陈列式是室内绿化装饰最常用和最普通的装饰方式，包括点式、线式和片式三种。其中以点式最为常见，即将盆栽植物置于桌面、茶几、柜角、窗台及墙角，或在室内高空悬挂，构成绿色视点（图 7-26）。

线式和片式是将一组盆栽植物摆放成一条线或组织成自由式、规则式的片状图形，起到组织室内空间，区分室内不同用途场所的作用，或与家具结合，起到划分范围的作用。几盆或几十盆组成的片状摆放，可形成一个花坛，产生群体效应，同时可突出中心植物主题。

图 7-25 室内绿化的装饰方法

采用陈列式绿化装饰，主要应考虑陈列的方式、方法和使用的器具是否符合装饰要求（图 7-27）。

传统的素烧盆及陶质釉盆仍然是目前主要的种植器具。表面镀仿金、仿铜的金属容器及各种颜色的玻璃缸套盆则可与豪华的西式装饰相协调。总之，器具的表面装饰要视室内环境的色彩和质感及装饰情调而定。

图 7-26 陈列式绿化装饰（1）

图 7-27 陈列式绿化装饰（2）

2. 攀附式绿化装饰

大厅和餐厅等室内某些区域需要分割时，采用带攀附植物隔离，或带某种条形或图案花纹的栅栏再附以攀附植物与攀附材料，在形状、色彩等方面要协调，以使室内空间分割合理、协调且实用（图 7-28）。

图 7-28 攀附式绿化装饰

3. 悬垂吊挂式绿化装饰

在室内较大的空间内，结合顶棚、灯具，在窗前、墙角、家具旁吊放有一定体量的阴生悬垂植物，可改善室内人工建筑的生硬线条造成的枯燥单调感，营造生动活泼的空间立体美感，且“占天不占地”，可充分利用空间。这种装饰要使用一种金属吊具或塑料吊盆，使之与所配材料有机结合，以取得意外的装饰效果（图 7-29）。

图 7-29 悬垂吊挂式绿化装饰

4. 壁挂式绿化装饰

室内墙壁的美化绿化，也深受人们的欢迎。壁挂式有挂壁悬垂法、挂壁摆设法、嵌壁法和开窗法（图 7-30）。

图 7-30 壁挂式绿化装饰

预先在干墙上设置局部凹凸不平的墙面和壁洞，供放置盆栽植物；或在靠墙地面放置花盆，或砌种植槽，然后种上攀附植物，使其沿墙面生长，形成室内局部绿色的空间；或在墙壁上设立支架，在不占用地的情况下放置花盆，以丰富空间。采用这种装饰方法时，应主要考虑植物姿态和色彩。以悬垂攀附植物材料最为常用，其他类型植物材料也常使用。

5. 栽植式绿化装饰

这种装饰方法多用于室内花园及室内大厅等有充分空间的场所。栽植时，多采用自然式，即平面聚散相依、疏密有致，并使乔灌木及草本植物和地被植物组成层次，注重姿态、色彩的协调搭配，适当注意采用室内观叶植物的色彩来丰富景观画面；同时考虑与山石、水景组合成景，模拟大自然的景观，给人以回归大自然的美感。

6. 迷你型观叶植物绿化装饰

这种装饰方式在欧美、日本等地极为盛行。其基本形态乃源自插花手法，利用迷你型观叶植物配植在不同容器内，摆置或悬吊在室内适宜的场所，或作为礼品赠送他人。这种装饰设计最主要的目的是要达到功能性的绿化与美化，也就是说，在布置时，要考虑室内观叶植物如何与生活空间内的环境、家具、日常用品等相搭配，使装饰植物材料与其环境、生态等因素高度统一。其应用方式主要有迷你吊钵、迷你花房、迷你庭院等（图 7-31）。

图 7-31　迷你型观叶植物绿化装饰

（1）迷你吊钵

将小型的蔓性或悬垂观叶植物作悬垂吊挂式装饰。这种应用方式观赏价值高，即使是在狭小空间或缺乏种植场所时仍可被有效利用。

（2）迷你花房

在透明有盖子或瓶口小的玻璃器皿内种植室内观叶植物。它所使用的玻璃容器形状繁多，如广口瓶、圆锥形瓶、鼓形瓶等。由于此类容器瓶口小或加盖，水分不易蒸发，而散失在瓶内可被循环使用，所以应选耐湿的室内观叶植物。迷你花房一般是多品种混种，在选配植物时应尽可能选择特性相似的配植一起，这样更能达到和谐的境界。

（3）迷你庭院

迷你庭院系指将植物配植在平底水盘容器内的装饰方法（图 7-32）。其所使用的容器不局限于陶制品，木制品或蛇木制品亦可，但使用时应在底部先垫塑料布。这种装饰方式除了按照插花方式选定高、中、低植株形态，并考虑根系具有相似性外，叶形、叶色的选择也很重要。

图 7-32　迷你庭院

同时，这种装饰最好有其他装饰物（如岩石、枯木、民俗品、陶制玩具或动物等）来衬托，以提高其艺术价值。若为小孩房间，可添置小孩所喜欢的装饰物；年轻人的则选用新潮或有趣的物品装饰。总之，可依不同年龄做不同的选择。

7.2.4　水元素在室内空间设计中的形式

1. 水景形态设计

1）动态形式。动态水是常见的一种形式，流动的水流形成美丽的室内风景。通常动态形式的水源为瀑布、喷泉等形式。水流产生的形态特征取决于水喷出的压力和水的流量，还取决于水流经过的装饰造型、材质、坡度以及水流沟槽的大小。在室内空间设计中，动态的水可以起到分隔空间和循环室内空气的作用，增加室内环境的生机和活力。动态水循环的节点设计配合上高科技的灯光、音效，会使室内空间营造出别样的氛围。

2）静态形式。室内静水是以静水池形式出现，使室内形成静态的水景。静水水面造型是根据水池的整体形状表现出来的，可以是规则的多边形，也可以是不规则的自然形。设计师根据室内环境的功能需求和审美要求，选择适合空间的水面形状。静态水池的池壁有三种常见的形式，即池壁高出地面、池壁与地面相平、下沉式水池。水池有三个口，进水口、溢水口和排水口，池壁材料也影响水面景观。静水所构成的景有两类，一是虚景，即借水的色和光映出景观；二是实景，即借静水作为基底托出山石、花木等景观（图7-33）。

图7-33 水景形态设计

2. 水体主景设计

较大的室内空间环境一定要有一个引人注目的景点，才能聚集人们的视线，也才能在室内空间创造出视觉中心来。这个引人注目的景点，就是主景。设计者常常利用水体作为建筑中庭空间的主景，以增强空间的表现力。瀑布、喷泉等水体形态自然多变，柔和多姿，富有动感，能与建筑空间形成强烈的对比，因而作为室内环境中最动人的主体景观，是最为相宜的。

3. 水体的背景处理

在特定的室内环境中，水体基本上都以内墙墙面作为背景。这种背景具有平整光洁、色调淡雅、景象单纯的特点，一般都能很好地当作背景使用。但是，对于主要以喷涌的白色水花为主的喷泉、涌泉、瀑布，背景则可以采用颜色稍深的墙面，以构成鲜明的色彩对比，使水景得到突出表现。室内水体大都和山石、植物、小品共同组成丰富的景观，成为通常所说的室内景，为了突出水上的小品、山石或植物，也常常反过来以水体作为背景，由水面的衬托而使山石植物等显得格外醒目和生动。可见，室内水面除了具有观赏作用之外，还能在一些情况下作为背景使用。

4. 室内空间的分隔与沟通

室内与室外、室内各个局部之间，常常用水体、溪流作为纽带进行联络，也常常进行一定程度上的空间分隔。如上海龙柏饭店门厅的池与庭院相通，中间隔一大玻璃窗，使内外空间紧密地融为一体；日本大阪皇家饭店的餐厅，由于引入小溪而使室内环境更为明快。用水体也可分隔空间，而水体分隔的空间在视线上仍能相互贯通，被分开的各个空间在视觉上仍是一个整体，产生了既分又合的空间效果。如日本东京大同生命保险公司内部，沿纵向开了一条水渠，把功能分为两部分，一边为营业部，另一边为办公机构，两部分既相互隔离，又相互联系。

5. 室内浅水池设计

一般水深在1m以内者，称为浅水池，它包括儿童戏水池和小型泳池、造景池、水生植物种植池、鱼池等。浅水池是室内水景中应用最多的设施，如室内喷泉、涌泉、瀑布、壁泉、滴泉和一般的室内造景水池等，都要用到浅水池。因此，对室内浅水池的设计，应该多一些了解。

1）浅水池的平面设计室内水景中水池的形态种类众多，水池深浅和池壁、池底材料也各不相同。浅水池的大致形式如下。

① 如果要求构图严谨，气氛严肃庄重，则应多用规则方正的池形或多个水池对称形式。为使空间活泼，更显水的变化和深水环境，则用自由布局的、参差跌落的自然主式水池形式。

② 按照池水的深浅，室内浅水池又可设计为浅盆式和深盆式。水深小于等于600mm的为浅盆式；水深大于600mm的为深盆式。一般的室内造景水池和小型喷泉池、壁泉池、滴泉池等，宜采用浅盆式；而室内瀑布水池则常可采用深盆式。

③ 依水池的分布形式，也可将室内浅水池设计为多种造型形式，如错落式、半岛与岛式、错位式、池中池、多边组合式、圆形组合式、多格式、复合式、拼盘式等。

2）浅水池的结构设计室内浅水池的结构形式主要有砖砌水池和混凝土水池两种。砖砌水池施工灵活方便，造价较低；混凝土水池施工稍复杂，造价稍高，但防渗漏性能良好。由于水池很浅，水对池壁的侧压力较小，因此设计中一般不作计算，只要用砖砌 240mm 墙作池壁，并且认真做好防渗漏结构层的处理，就可以达到安全使用的目的。有时，为了使室内瀑布、跌水在水位跌落时所产生的巨大落差能量能迅速消除并形成水景，需要在溪流的沿线上布设卵石、汀步、跳水石、跌水台阶等，以达到快速“消能”的目的。当以静水为主要景观的水池经过水源水的消能并轻轻流入时，倒影水景也就可伴随而产生。

3）池底与池壁装饰设计室内水池要特别注意其外观的装饰性，所用装饰材料也可以比室外水池更高级些。水池具体的装饰设计情况如下所述。

① 池底装饰：池底可利用原有土石，亦可用人工铺筑砂土砾石或钢筋混凝土做成。其表面要根据水景的要求，选用深色的或浅色的池底镶嵌材料进行装饰，以示深浅。如池底加进镶嵌的浮雕、花纹、图案，则池景更显得生动活泼。室内及庭院水池的池底常常采用白色浮雕，如美人鱼、贝壳、海蜡之类，构图颇具新意，装饰效果突出，渲染了水景的寓意和水环境的气氛。

② 池壁的装饰：池壁壁面的装饰材料和装饰方式一般可与池底相同，但其顶面的处理则往往不尽相同。池壁顶的设计常采用压顶形式，而压顶形式有多种，这些形式的设计都是为了使波动的水面很快地平静下来，以便能够形成镜面倒影。

③ 池岸压顶与外沿装饰：池岸压顶石的表面装饰可以采用的方式方法有水泥砂浆抹光面、斩假石饰面、水磨石饰面、釉面砖饰西、花岗石饰面、汉白玉饰面等，总之要用光面的装饰材料，不能做成粗糙表面。池岸外沿的表面装饰做法也很多，常见的是水泥砂浆抹光面、斩假石面、水磨石面、豆石干粘饰面、水刷石饰面、轴面砖饰面、花岗石饰面等，其表面装饰材料可以用光面的，也可以用粗糙质地的。

④ 池面小品装饰：装饰小品诸如各种题材的雕塑作品，具有特色的造型，增加生活情趣的石灯、石塔、小亭，池面多姿多彩的荷花灯、金鱼灯等，以及结合功能要求而加上的荷叶汀步、仿树桩汀步、跳石等。这一切都能够起到点缀和活跃庭院及室内环境气氛的作用。此外，还可利用室内方便的灯光条件，用灯光透射、技射水景或用色灯渲染氛围情调。

7.3 绿化与水体设计案例

1. 广州白天鹅宾馆的中庭景园

广州白天鹅宾馆的中庭景园，是一幅以眷恋故乡为主题的中国传统山水意境的园林画卷（图 7-34）。四周为敞廊，绕廊遍植垂萝，庭内壁山瀑布，气势磅礴。亭榭桥台，梯阶蹬道，整体布局高低错落，富有岭南庭院风格特色。其大型室内植物景观从下方延伸到二、三层各餐厅和顶层套间；南侧透过大型玻璃帷幕，将珠江景色引入室内。这样的室内景园，就是运用了园林手段在有限的室内空间进行了美丽的设计。在局部有一定限制的室内空间，运用了我国传统园林的手法，体现了一定的意境，室内绿化的构景手法也是直接从园林艺术中汲取养分，采取“拿来主义”。

2. 北京香山饭店的四季厅

北京香山饭店的四季厅也是我国现代室内绿化设计的杰作（图 7-35）。阳光透过玻璃屋顶泻洒在绿树成茵的大厅内，明媚而舒适。门口影壁背后，一潭清澈见底的碧水，潭底铺着鹅卵石，两块太湖石屹立其中。大厅两旁各植有几株棕榈和芭蕉等热带植物，大厅正中是会客厅，几张方桌，几排浅灰躺椅，让人倍感清净舒适。它也是中国现代建筑与中国传统园林相结合的典范。

图 7-34　广州白天鹅宾馆的中庭景园

图 7-35　北京香山饭店的四季厅

7.4 绿化与水体设计练习

在下面的平面布置图中进行绿化及水体设计（图 7-36）。

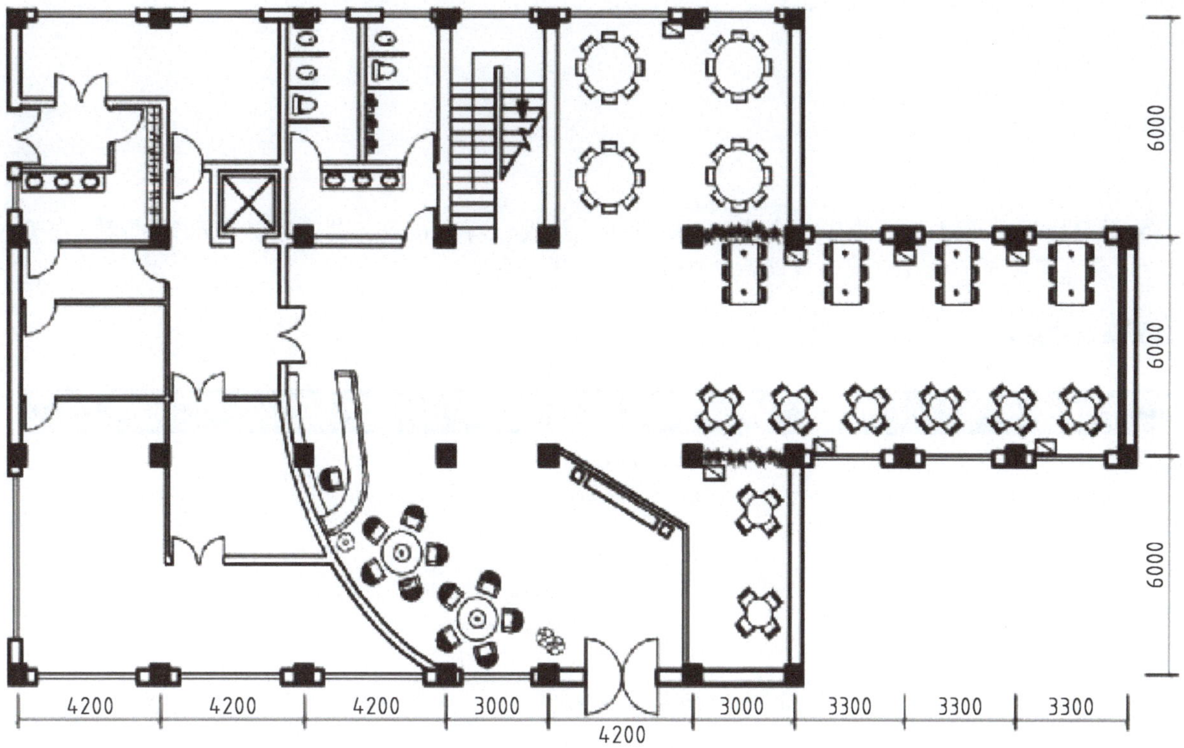

图 7-36 某中餐厅平面图

第 8 章　室内装饰陈设 | CHAPTER 8

学习目标：通过本章学习，对家具与陈设的发展过程有所认识，熟悉家具与陈设的尺度与分类，掌握家具与陈设在建筑装饰设计中的作用和布置原则。

学习要求：

能力目标	知识要点	相关知识	权重
理解能力	陈设的要素	陈设的分类 家具的发展 国外古典家具 近现代家具	20%
掌握能力	陈设的设计方法	家具的分类与设计 家具在室内环境中的作用 家具的选用和布置原则	30%
应用能力	室内装饰陈设的运用	在设计中的运用	50%

8.1　陈设要素

1. 实用装饰品

实用装饰品通常也是人们生活中有实用需求的物品，它同时兼带有一定的装饰效果，对室内设计的构成也产生了一定的影响，比如我国著名的传统工艺陶瓷器，不仅用途广泛，还带有很强的艺术感染力。家电、窗帘等都属于实用装饰品，这类装饰品的选择主要是要根据实际的功能需求和房屋本身的设计风格来选择。

（1）家具

家具主要表达空间的属性、尺度和风格，是室内陈设品中最重要的组成部分。家具可分为中国传统家具、外国古典家具、近代家具和现代家具。

中国传统家具有着悠久的历史，从商周时期席地而坐的低矮家具到中国传统家具鼎盛时期的明清家具，其间经历了 3000 多年的演变和发展，形成众多不同造型和风格的家具形式，从而构成中式风格的室内陈设设计中必不可少的元素。

外国古典家具主要是指公元 5 世纪之前的古埃及、古希腊、古罗马时期的家具，中世纪的拜占庭家具、仿罗马式家具和哥特式家具。

西方近代家具主要指文艺复兴时期的家具、巴洛克式家具、洛可可式家具、新古典主义家具、帝国式家具。

随着社会的发展，发明机械动力的工业革命推动了技术的变革，社会形态和生活方式逐渐改革，家具设计和制作方法也随之改变，家具的形式、结构也随着工业革命的到来发生了巨大的变化。二战后，随着经济的复苏，工业技术的迅速发展，各种新材料、新技术的高度发展为现代家具提供了物质基础，家具的设计也形成多元化的格局，展现在人们面前的是各具特色、个性与风格的新局面（图 8-1）。

（2）织物用品

织物陈设是室内陈设设计的重要组成部分，随着经济技术的发展，人们生活水平和审美趣味的提高，织物陈设品的运用越来越广泛。织物陈设以其独特的质感、色彩及设计所赋予室内空间的那份自然、亲切和轻松，越来越受到人们的喜爱。它包括地毯、壁毯、墙布、顶棚织物、帷幔窗帘、蒙面织物、坐垫靠垫、床上用品、餐厨织物、卫生盥洗织物等，既有实用性，又有很强的装饰性（图 8-2）。

图 8-1　室内家具陈设

图 8-2　室内织物陈设

我国民间常用扎染、蜡染、刺绣等制成的生活日用品进行室内装饰，以增强室内环境气氛。如贵州的蜡染花布、云南的云锦、广东的潮汕抽纱、苏州的绛丝等。刺绣具有浓郁的民族风格和地方特色，也是环境陈设的重要元素。苏绣、湘绣、蜀绣、粤绣是我国闻名于世的四大名绣。

（3）电器用品

改革开放以来，电器用品已逐渐成为人们视觉概念中的重要陈设物品。它不仅具有很强的实用性，其外观造型、色彩质地设计也都很精美，具有很好的陈设效果。电器用品包括电视机、电冰箱、洗衣机、空调机、音响设备、计算机及厨房电器、卫生淋浴器等（图 8-3）。

图 8-3　室内电器陈设

电器用品在与其他家具陈设结合时一定要考虑其尺度关系，造型、风格更要协调一致。如电子计算机与机桌的配套使用，机桌高度应在普通书桌的基础上去掉计算机的高度才符合人体坐正时台面的操作高度，一般约为 65~68cm。视听设备应考虑到人的视觉、听觉，视距要合适，不宜放在高处，因为人的视线在水平线以下 10° 时感觉最舒适。

电器用品的选配与摆放还要注意艺术性，有时结合一种小摆设陈列，会使室内显得愈加生动有趣。

（4）灯具

灯具是提供室内照明的器具，也是美化室内环境不可或缺的陈设品。在没有自然光线的情况下，人们工作、生活、学习都离不开灯具。其次，灯具用光的不同，可以制造出各种不同的气氛情调，而灯具本身的造型变化更会给室内环境增色不少。在进行室内设计时必须把灯具当作整体的一部分来设计。灯具的造型也非常重要，其形、质、光、色都要求与环境协调一致，对重点装饰的地方，更要通过灯光来烘托、凸现其形象。灯具大致有吊灯、吸顶灯、隐形槽灯、投射灯、落地灯、台灯、壁灯及特种灯具。其中，吊灯、吸顶灯、槽灯属于一般照明方式，落地灯、壁灯、射灯属于局部照明方式，一般室内多采用混合照明方式（图 8-4）。

（5）书籍杂志

陈列在书架上的书籍，既有实用价值，又可使空间增添书香气，显示主人的高雅情趣。尤其是在图书馆、写字楼、办公室等文化类建筑空间中，书籍杂志是作为主要陈设品出现的。书架的设立要符合人体工学的原理，应有不同高度的框格以适应各种尺寸的书籍的摆放，并能按书的尺寸随意调整。书籍可按其类型、系列或色彩来分组，有时将一本书或一套书横放也会显得生动有趣，还可同时将古玩、植物及收藏品与书籍穿插陈列，以增强室内的文化品位（图 8-5）。

图 8-4　室内灯具陈设

图 8-5　室内书籍陈设

杂志也很适合室内装饰，杂志的封面色彩鲜艳、设计新颖，装帧精美，可以用作室内书架、台面、沙发上的点缀。

（6）生活器皿

许多生活器皿，如餐具、茶具、酒具、炊具、食品盒、果盘、花瓶、竹藤编制的盛物篮及各地土特产盛具等，都属于实用性陈设。生活器皿的制作材料很多，有玻璃、陶瓷、金属、塑料、木材、竹子等，其独特的质地，能产生出不同的装饰效果，如玻璃晶莹剔透，陶瓷浑厚大方，瓷器洁净细腻，金属光洁富有现代感，木材、竹子朴实自然，这些生活器皿通常可以陈列在书桌、台子、茶几及开敞式柜架上。它们的造型、色彩和质地具有很强的装饰性，可成套陈列，也可单件陈列，使室内具有浓郁的生活气息（图 8-6）。

（7）瓜果蔬菜

瓜果蔬菜是大自然赠予我们的天然陈设品，其鲜艳的色彩、丰富的造型、天然的质感以及清新的味道，给室内带来大自然的气息。瓜果蔬菜种类繁多，常用做陈设品的有苹果、梨子、香蕉、菠萝、柠檬、海棠果、辣椒、西红柿、茄子、萝卜、黄瓜、南瓜、白菜等，可根据室内环境需要选择陈列。如色彩鲜艳的瓜果蔬菜可使室内产生强烈的对比效果，同类色的蔬菜瓜果还能起到统一室内色调的作用（图 8-7）。

图 8-6　室内餐具陈设

图 8-7　室内果蔬陈设

（8）文体用品

文体用品也常用作陈设品。文具用品在书房中很常见，如笔筒、笔架、文具盒、记事本等；乐器在居住空间中陈列得也很多，可使居住空间透出高雅脱俗的感觉；体育器械也可出现在室内陈设中，如各种球拍、球类、健身器材等的陈设，可使空间环境显出勃勃生机（图 8-8）。

图 8-8 室内钢琴陈设

2. 装饰陈设品

装饰陈设品近年来非常受人们的重视，它一般包含有字画、摄影作品、雕塑、盆景及工艺美术品等，是纯粹作为观赏和装饰用的装饰品，虽然它不是室内设计的必需品，但无可否认的是，在现代室内环境设计中，缺少了它们总感觉无法满足人的精神方面的需求，装饰陈设品又可以根据性质分成三部分。

第一，室内工艺品，室内陈设工艺品主要包括挂毯、挂盘、剪纸、刺绣等，它们大都是一些散发着浓郁乡土气息和自然风情的艺术作品，是室内环境，尤其是特定性质的室内环境中很好的陈设物品。

第二，室内织物，织物是传统室内的一种主要装饰品，也是现代建筑内为追求亲切感、柔软性以及某种文化风情的象征性装饰物，织物依附性较强，同时又具有变异性的形态特征，因此，具有较强的适应性，能用于多用途、多形体之间。

第三，植物，这是近年来运用最多的一种装饰方式，绿色植物能净化空气、带来生气，点缀室内。当然，一定要注意选择常绿的、对阳光需求偏小的、能符合房屋装修风格的植物。

装饰陈设品的选择最重要的是根据主人的爱好，老人、小孩的安全性，房屋的整体装修风格来确定。

8.2 陈设设计方法

8.2.1 陈列方式

陈列的方式归纳起来有：墙面陈列、台面陈列、橱架陈列、落地陈列、悬挂陈列等。

（1）墙面陈列

墙面陈列适用的范围很广，陈设品中如字画、编织物、挂盘、浮雕等艺术品，或一些小型的工艺品、纪念品及文体娱乐用品，如吉他、球拍、宝剑等都可用于墙面陈设。陈设品在墙面上的位置，与整体墙面及空间的构图关系，可以是对称式或者非对称式。当墙面有三个以上的陈列品时，就形成了成组陈列的陈设，成组陈设应结合陈设品的种类、大小以及墙面的空白面积，可用水平、垂直构图或三角形、菱形、矩形等构图方式统筹布置（图 8-9）。

图 8-9 墙面陈列

（2）台面陈列

台面陈列是将陈设品摆放在各种台面上进行展示的方式。台面包括桌面、几案、柜台、窗台、展台等，如果说墙面陈列方式运用的是平面关系的话，那么台面陈设运用得更多的是立体构成关系。

因此，摆放台面陈设品时，应注意陈设品之间的立体布局。台面陈列分为对称式布置和自由式布置。对称式布置庄重大气，有很强的秩序感，但易呆板少变化，如在电视两旁布置音箱；自由式布置，灵活且富于变化，但应注重整体的均衡，突出重点（图 8-10）。

（3）橱架陈列

橱架陈列是一种兼有储藏功能的展示方式，可集中展示多种陈设品。

橱架陈设适用于体量较小、数量较多的陈设品，以达到多而不繁、杂而不乱的效果。橱架陈列适用的陈设品有：书籍、奖杯、古玩、瓷器、玻璃器皿、相框、CD、酒类及各类小工艺品。橱架的形式有陈列橱、博古架、书柜、酒柜等，橱架可以是开敞通透的，也可以用玻璃门封闭起来。橱架陈列应注意整体的均衡关系和每层陈设品之间色彩、体量、质地上的变化（图 8-11）。

图 8-10　台面陈列

图 8-11　橱架陈列

（4）落地陈列

落地陈列指将大型的陈设品（如雕塑、瓷瓶、绿化、灯具等）落地布置。这种布置方法常用于大厅中、门厅处或出入口旁，起到引导作用或引人注目的效果。也可放置在厅室的角隅、走道尽端等位置，作为视觉的缓冲。大型落地陈列布置时应注意不能影响工作和交通路线的通畅（图 8-12）。

图 8-12　落地陈列

（5）悬挂陈列

悬挂陈列也是一种常见的展示方式，常用于空间高大的厅室，可减少竖向空间的空旷感，丰富空间层次，并起到一定的散射光线和声波的效果。悬挂陈列用于吊灯、织物、风铃、灯笼、珠帘、植物等，在商业场所也常悬挂宣传招贴、气球等起引导路线、烘托气氛的作用。悬挂陈列应注意陈设品的高度不能妨碍人的正常活动（图 8-13）。

图 8-13　悬挂陈列

8.2.2　家具的分类与设计

室内家具可按其使用功能、制作材料、构造体系、组成方式以及艺术风格等方面来分类。

1. 按使用功能分类

即按家具与人体的关系和使用特点分为：

1）坐卧类。支持整个人体的椅、凳、沙发、卧具、躺椅、床等。

2）凭倚类。人体鞍以进行操作的书桌、餐桌、柜台、作业台及几案等。

3）贮存类。作为存放物品用的壁橱、书架、搁板等。

2. 按制作材料分类

不同的材料有不同的性能，其构造和家具造型也各具特色，家具可以用单一材料制成，也可和其他材料结合使用，以发挥各自的优势。

1）木制家具。木材质轻，强度高，易于加工，而且其天然的纹理和色泽，具有很高的观赏价值和良好手感，使人感到十分亲切，是人们喜欢的理想家具材料。弯曲层积木和层压板加工工艺的发明，使木质家具进一步得到发展，形式更多样，更富有现代感，更便于与其他材料结合使用，常用的木材有柳桉、水曲柳、山毛榉、柚木、楠木、红木、花梨木等。

2）藤、竹家具。藤、竹材料和木材一样具有质轻、强度高和质朴、自然的特点，而且更富有弹性和韧性，宜于编织。竹制家具又是理想的夏季消暑使用家具。藤、竹、木棉有浓厚的乡土气息，在室内别具一格，常用的竹藤有毛竹、淡竹、黄枯竹、紫竹及广藤、土藤等。各种天然材料均须按不同要求进行干燥、防腐、防蛀、漂白等加工处理后才能使用。

3）金属家具。19 世纪中叶，西方曾风行铸铁家具，有些国家作为公园里的一种椅子形式，至今还在使用。后来逐渐被淘汰，代之以质轻高强的钢和各种金属材料，如不锈钢管、钢板、铝合金等。金属家具常用金属管材为骨架，用环氧涂层的电焊金属丝线作座面和靠背，但与人体接触部位，即座面、靠背、扶手，常采用木、藤、竹、大麻纤维、皮革和高强人造纤维编织材料，更为舒适。在材质色泽上也能产生更强的对比效果。金属管外套软而富有弹性的氯丁橡胶管，可更耐磨而适用于公共场所。

4）塑料家具。一般采用玻璃纤维加强塑料，模具成型，具有质轻高强、色彩多样、光洁度高和造型简洁等特点。塑料家具常用金属为骨架，成为钢塑家具。

3. 按构造体系分类

1）框式家具。以框架为家具受力体系，再覆以各种面板，连接部位的构造以不同部位的材料而定。框式家具有榫接、铆接、承插接、胶接、吸盘等多种方式，并有固定、装拆之区别。框式家具常有木框及金属框架等。

2）板式家具。以板式材料进行拼装和承受荷载，其连接方式也常以胶合或金属连接件等方法，视不同材料而定。板材可以选用原木或各种人造板。板式家具严整简洁，造型新颖美观，运用广泛。

3）注塑家具。采用硬质和发泡塑料，用模具浇筑成型的塑料家具，整体性强，是一种特殊的空间结构。目前，高分子合成材料品种繁多，性能不断改进，成本低，易于清洁和管理，在餐厅、车站、机场中广泛应用。

4）充气家具。充气家具的基本构造为聚氨基甲酸乙酯泡沫和密封气体，内部空气空腔，可以用调节阀调整到最理想的座位状态。

4. 按家具组成分类

1）单体家具。在组合配套家具产生以前，不同类型的家具，都是作为一个独立的工艺品来生产的，它们之间很少有必然的联系，用户可以按不同的需要和爱好单独选购。这种单独生产的家具不利于工业化大批量生产，而且各家具之间在形式和尺度上不易配套、统一。因此，后来为配套家具和组合家具所代替。但是个别著名家具，如里特维尔德的红、黄、蓝三色椅等，现在仍有人乐意使用。

2）配套家具。卧室中的床、床头柜、衣橱等，常是因生活需要自然形成的相互密切联系的家具。因此，如果能在材料、款式、尺度、装饰等方面统一设计，就能取得十分和谐的效果。配套家具现已发展到各种领域，如旅馆客房中床、柜、桌、椅、行李架的配套，餐室中桌、椅的配套，客厅中沙发、茶几、装饰柜的配套，以及办公室家具的配套等等。配套家具不等于只能有一种规格，由于使用要求和档次的不同，要求有不同的变化，从而产生了各种配套系列，使用户有更多的选择自由 。

3）组合家具。组合家具是将家具分解为一两种基本单元，再拼接成不同形式，甚至不同的使用功能。如组合沙发，可以组成不同形状和布置形式，可以适应坐、卧等要求。又如组合柜，也可由一两种单元拼连成不同数量和形式的组合柜。组合家具有利于标准化和系列化，使生产加工简化、专业化。在此基础上，又产生了以零部件为单元的拼装式组合家具，单元生产达到了最小的程度，如拼装的条、板、基座以及连接零件。这样生产更专业化，组合更灵活，也便于运输。用户可以买回配套的零部件，按自己的需要，自由拼装。

为了使家具尺寸和房间尺寸相协调，必须建立统一模数制。

此外，还有活动式的嵌入式家具、固定在建筑墙体内的固定式家具。

坐卧类家具支持整个人体重量，与人的身体接触最为密切。家具中最主要的是桌、椅、床和橱柜的设计。桌面高度小于下肢长度 50mm 时，体压较集中于坐骨骨节部位，等于下肢长度时，体压稍分散于整个臀部，这两种情况较适合于人体生理现象，因臀部能承受较大压力，同时也便于起坐。一般座椅小于 380mm 时难于站起来，特别对老年人来说更是如此。如椅面高度大于下肢长度 50mm 时，体压分散至大腿部分，使大腿内侧受压，引起脚趾皮肤温度下降、下腿肿胀等血液循环障碍现象，因此，像酒吧的高凳，一般应考虑脚垫或脚靠。所坐椅面高度以等于或小于下肢长度为宜，按我国中等人体地区女子腓骨头的高度为 328mm，加鞋厚 20mm，工作椅的椅面高度则以 390~410mm 为宜。

为使座椅能使人不致疲劳，必须具有五个完整的功能：

1）骨盆的支持。

2）水平座面。

3）支持身体后仰时升起的靠背。

4）支持大腿的曲面。

5）光滑的前沿周边。

一般情况下，整个腰部的支持是在肩胛骨和骨盆之间，动态的坐姿，依靠的是与靠背持久接触。

人体在采取坐位时，躯干直立肌和腹部直立肌的作用最为显著，据肌电测定凳高 100~200mm 时，此两种肌肉活动最弱，因此除体压分布因素外，依此观点，作为休息椅的沙发、躺椅的椅面高度应偏低，一般沙发高度以 350mm 为宜，其相应的靠背角度为 100。躺椅的椅面高度实际为 200mm，其相应的靠背角度为 110°。

椅面常有平直硬椅面和曲线硬椅面，前者体压集中于坐骨骨节部位，而后者可稍分散于整个臀部。

座面深度小于33cm时，无法使大腿充分均匀地分担身体的重量，当座面深度大于41cm时，致使前沿碰到小腿时，会迫使坐者往前而脱离靠背，其身体由靠背往前滑动，均可造成不适或不良坐姿。

座面宽41cm至无法容纳整个臀部时，常因肌肉接触到座面边沿而受到压迫，并使接触部位所承受的单位压力增大而导致不适。休息椅座面，以坐位基准点为水平线时，座面的向上倾角。

座面前缘应有2.5~5cm的圆倒角，才能不使大腿肌肉受到压迫。在取坐位时，成人腰部曲线中心约在座面上方23~25cm处，大约与脊柱腰曲部位最突出的第三腰椎的高度一致。一般腰靠应略高于此，以支持背部重量，腰靠宽度为33cm，过宽会妨碍手臂动作，腰靠一般为曲面形（半径约31~46cm），这样可与人的腰背部圆弧吻合。休息椅整个靠背高度比座部高出53~71cm，高度在33cm以内的靠背，可让肩部自由活动。

当靠背角度从垂直线算起，超过30°时的座椅应设头靠，头掌可以单独设置，或和靠背连成一体，头靠座度最小为25cm，头靠本身高度一般为13~15cm，并应由靠背面前倾5°~10°，以减轻颈部肌肉的紧张。

座面与靠背角度应适当，不能使臀部角度小于90°，而使骨盘内倾将腰部拉直而造成肌肉紧张。靠背与座部一般在90°~100°之间，休息椅一般在100°~110°之间。椅背的支持点高度及角度的关系。

扶手的作用是支持手臂的重量，同时也可以作为起坐的支撑点，最舒适的休息椅的扶手长度可与座部相同，甚至略长一点。扶手最小长度应为30cm，短扶手可使椅子贴近桌子，方便前臂在桌子上有更多炉活动范围，以便支撑手肘。

扶手宽度一般在6.5~9.0cm，扶手之间宽度为52~56cm。

扶手高约在18~25cm，扶手边缘应光滑，有良好的触感。

桌面高度的基准点，如前所述也应以坐位基准点为标准进行计算。

作为工作用椅，桌面高差应为250~300mm，作为休息之用时，其高差应为100~250mm。

根据工作时的坐位基准点为390~410mm，因此工作桌面高度应为390~410mm加250~300mm，即640~710mm。

8.2.3 家具在室内环境中的作用

1. 明确使用功能，识别空间性质

除了作为交通性的通道等空间外，绝大部分的室内空间（厅、室）在家具未布置前是难于付之使用和难于识别其功能性质的，更谈不上其功能的实际效率。因此，可以这样说，家具是空间实用性质的直接表达者，家具的组织和布置也是空间组织使用的直接体现，是对室内空间组织、使用的再创造。良好的家具设计和布置形式，能充分反映使用的目的、规格、等级、地位以及个人特性等，从而赋予空间一定的环境品格。应该从这个高度来认识家具对组织空间的作用。

2. 利用空间、组织空间

利用家具来分隔空间是室内设计中的一个主要内容，在许多设计中得到了广泛的利用，如在景观办公室中利用家具单元沙发等进行分隔和布置空间。在住户设计中，利用壁柜来分隔房间，在餐厅中利用桌椅来分隔用餐区和通道。在商场、营业厅利用货柜、货架、陈列柜来分划不同性质的营业区域等。因此，应该把室内空间分隔和家具结合起来考虑，在可能的条件下，通过家具分隔既可减少墙体的面积，减轻自重，提高空间使用率，在一定的条件下，还可以通过家具布置的灵活变化达到适应不同的功能要求的目的。此外，某些吊柜的设置具有分隔空间的因素，并对空间加以充分利用，如开放式厨房，常利用餐桌及其上部的吊柜来分隔空间。室内交通组织的优劣，全赖于家具布置的得失，布置家具圈内的工作区，或休息谈话区，不宜有交通穿越，因此，家具布置应处理好与出入口的关系。

3. 建立情调、创造氛围

由于家具在室内空间所占的比重较大，体量十分突出，因此家具就成为室内空间表现的重要角色。人们对家具除了注意其使用功能外，还利用各种艺术手段，通过家具的形象来表达某种思想和含义。这在古代宫廷家具设计中非常常见，那些家具已成为封建帝王权力的象征。

家具和建筑一样受到各种文艺思潮的影响，自古至今，千姿百态，无奇不有，家具既是实用结晶，也是一种工艺美术结晶，这已为大家所共识。家具应该是实用与艺术的结晶，那种不惜牺牲其使用功能，哗众取宠是不足取的。

从历史上看，对家具纹样的选择、构件的曲直变化、线条的运用、尺度大小的改变、造型的壮实或柔细、装饰的繁复或简练，除了其他因素外，主要是利用家具的语言，表达一种思想、一种风格、一种情调，造成一种氛围，以适应某种要求和目的，而现代社会流行的怀旧情调的仿古家具、回归自然的乡土家具、崇尚技术形式的抽象家具等，也反映了各种不同思想情绪和某种审美要求。

现代家具应在应用人体工程学的基础上，做到结构合理、构造简洁，充分利用和发挥材料本身性和特色，根据不同场合，不同用途、不同性质的使用要求与建筑有机结合。

8.3 陈设设计案例

设计主题：藏清亭居

项目名称：澳城

项目地点：深圳南山后海大道

设计面积：150m^2

西方设计界流传着一个观点："没有中国元素，就没有贵气。"

本案为澳达实业发展有限公司在深圳湾附近开发的滨海国际风情社区 - 澳城，项目定位为 45 岁左右对生活品位有要求的成功人士，因此开发商对设计要求奢华、有厚重感，体现居住者身份、地位的豪宅气派及生活品位。所以我们将本案定位为现代中式风格，力求通过中国东方文化元素，在有限的空间里营造舒适、休闲、品位的居家生活环境（图 8-14）。

当踏入门厅，入户花园的山、水、竹林、木雕，给人以世外桃源的感受，宫灯、鸟笼、古井、枯枝、茶具、青砖……无不体现东方的神韵。枯井的形式采用现代功能的手法，透过玻璃制的镜面看到游水的鱼儿。欣赏窗外美景，看鱼儿嬉戏，啜一杯清茶，使人仿佛置身于都市的另一空间——休闲、宁静、平和……（图 8-15）

图 8-14 庭院一角

图 8-15 客厅一角

客厅在布局上用现代手法演绎古典韵味，在对称均衡中寻求变化，增强空间层次感；在色彩上通过家私、饰品等的对比来表现细节，使空间不显沉闷和单调；运用现代材质，如玻璃、罗马洞石、地毯、实木等的对比，既增强现代感又不失整体中式感，使整体景象的创造力求做到："熟悉中有新意，协调中有变化，平淡中有味道，古典中有现代时尚的元素。"

当庭院邂逅欧风后，自然的气息给人别墅的意境与享受。时尚精致的现代沙发，与成对的明式禅椅和平共处，使客厅不但富有时尚气息，也营造出东方特有的风采，是中西合璧的又一演绎。

客厅的陈设配饰以传统风格和现代实用为依托，让整个空间貌似古典却处处显露着明快的现代风格，并延伸出新的形式、采用新的方式、新的搭配手法，如蝴蝶兰、富有年代感的古铜雕龙、两把明式禅椅和茶几等，以及更多的现代元素，让空间表露出典型的东方色彩，通过顶棚的木栅引用自然光，客厅与入户花园的相互借景，将室内、室外完美融合，通过其增加空间的美感与变化，来体现生活的尊贵与享受（图 8-16）。

餐厅，往里延伸，踏入私人休闲和休憩空间。

长方形餐桌上的青瓷碗与餐桌相呼应的山水画相得益彰，传递了主人的含蓄内敛。为使餐桌不再单调和沉闷，桌面插花引用“达摩一苇渡江”的典故，以竹喻江，兰花喻船，为作品注入浓郁的文化气息，表达空间与功能的趣味感（图 8-17）。

图 8-16　客厅灯具下的装饰品

图 8-17　餐厅

随意的画卷、陈竹、卵石已有了庭院竹林的意境，作为划分空间区域之用的推拉门，也别有一番韵味，同时对小空间采光达到了很好的辅助作用，甚至可以引进阳光（图 8-18）。

图 8-18　书房一角

一幅柔和的绢丝画、珠帘在风中摇摆，泛灰色的布幔让整个空间弥散着浪漫、柔和的气息，通过珠帘幕让主卧与化妆间既有联系又有分割，而且给主卧添增了一道风景，意在营造舒适、宁静的休息空间。次卧借用古代卧室的做法，采用睡榻形式让主人“养精蓄锐”之时也颇有幽古之思，也是主人休憩、品茗的另一空间（图 8-19）。

图 8-19　卧室一角

8.4　陈设设计练习

请根据下面的原始平面图（图 8-20），进行平面布置设计，制作平面布置图及立面图，重点设计空间中的各种陈设，并做出陈设设计的图纸。

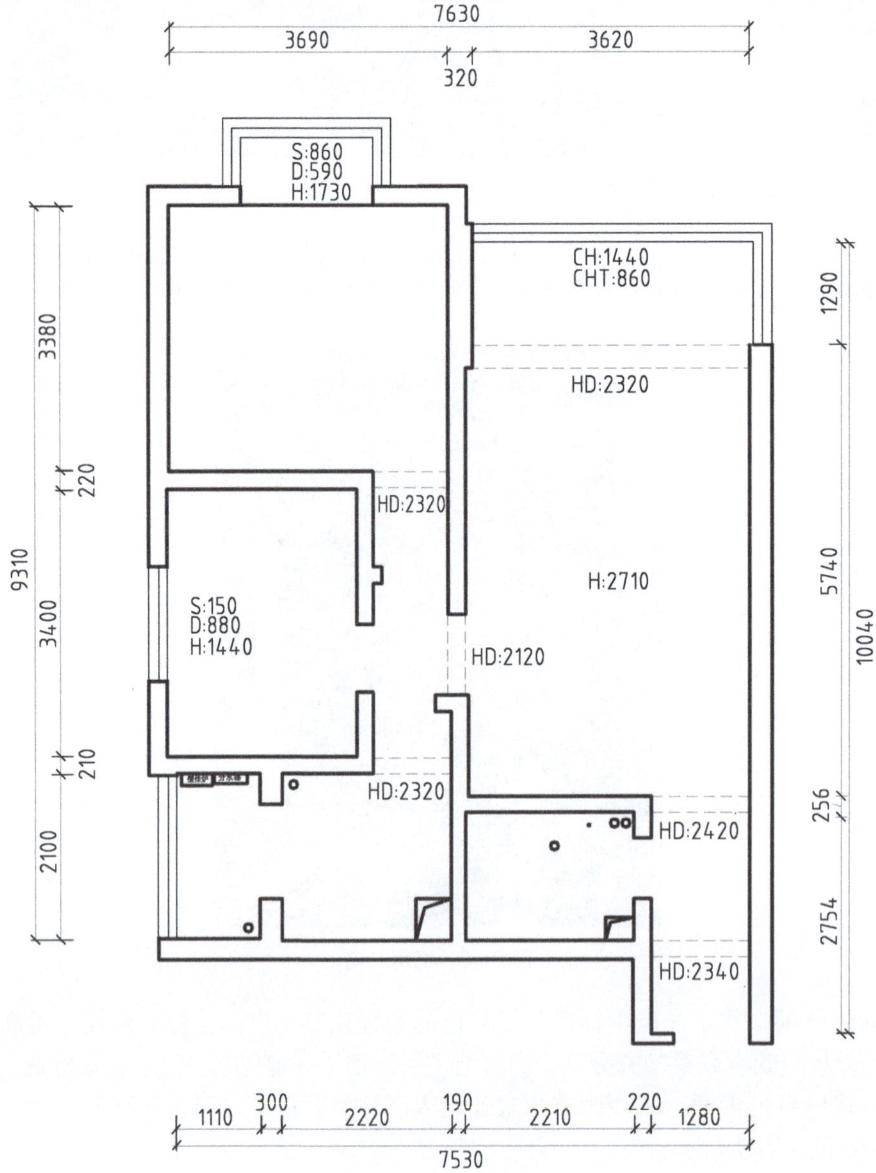

图 8-20　原始平面图

第 9 章　家装空间装饰设计实务 | CHAPTER 9

学习目标：通过对本章的学习，熟悉室内装饰设计中家居空间的基本划分及要求；掌握家居空间的设计方法。

学习要求：

能力目标	知识要点	相关知识	权重
理解能力	室内装饰设计中家居空间的基本划分及要求	家居空间的组成	30%
掌握能力	家居空间的设计方法	家居空间各组成部分的设计方法	30%
应用能力	家居空间的设计	结合实务进行设计	40%

9.1　生活空间的设计

9.1.1　住宅室内设计概念

1. 住宅

“住宅”是一种以家庭为对象的人为生活环境。它既是家庭的标志，也是社会文明的体现。

2. 社区条件

住宅虽是独立的家庭居住空间，但它只有归属于一个完整的社区系统，才能充分发挥其生活价值。社区即人类在特定地域内共同生活的组织关系，包含精神条件与物质条件。

（1）精神条件

1）共同的集体背景：相同的传统、习俗、教育、职业、宗教。

2）浓厚的社区意识：相同的生活观念、行为规范和责任心。

3）和谐的整体环境：优美的景观、统一的建筑群。

4）充分的文教设施：学校、公园等。

（2）物质条件

1）完善的公共建筑：图书馆、文化馆等。

2）完善的福利设施：市场、交通、托儿所、卫生服务中心、停车场等。

9.1.2　住宅室内设计的家庭因素

住宅因家庭需要而存在，每一个家庭又有不同的个性特征，从而使住宅形成了不同的风格。家庭因素是决定住宅室内环境价值取向的根本条件，其中尤以家庭形态、家庭性格、家庭活动、家庭经济状况等方面的关系最为重要。住宅设计的家庭因素是设计的主要依据和基本条件，也是住宅室内设计的创意取向和价值定位的首要构成要素，合理而协调地处理好这些因素的关系是设计成功的基础。

1. 家庭形态

家庭形态包括：人数构成、成员间关系、年龄、性别等。家庭发展的成长阶段不同，对住宅环境的需要也截然不同。

（1）新生期家庭

新生期家庭从新婚起到第一个儿女出生以前，人口简单，这种家庭无论是独立居住，或与上一代家庭共同居住，利弊参半。独立居住，自由而富私密性；共同居住，经济富足，有安全感，但私生活易受干扰。

（2）发展期家庭

发展期家庭是指从儿女诞生到少年期、青年期，至另组新生期家庭。

1）发展前期：发展前期是指从儿女诞生，至进入少年期。在此阶段，第一代需全力照顾第二代的成长，第二代需依赖第一代而生活。家庭居住形式以两代结合式为最佳——即将两代的生活空间密切结合，加强有利于第二代成长的设计因素。

2）发展后期：发展后期是指从儿女进入青年期始，至另组新生期家庭为止。在此阶段，第二代逐渐成熟，为使两代之间能在和谐亲密中保持适度的独立生活和私密性，采用“两代自由式”或“两代分离式”为宜。

（3）再生期家庭

儿女另组家庭。人口减少，第一代人步入中晚年。

（4）老年期家庭

第二代完全离开家庭。

每个家庭在不同阶段的需要是截然不同的，事实上，只有根据实际人口年龄、性别结构和成员关系分别采取适宜形式，方能解决实际问题。

2. 家庭性格

家庭性格是精神品质的综合表现，包括家庭成员的爱好、职业特点、文化水平、个性特征、生活习惯、地域、民族、宗教信仰等，可分为如下两种因素：

1）先天因素：历史、地域、家庭的传统。

2）后天因素：教育、信仰、职业等现实条件。

室内设计的形式应与家庭性格相符。

3. 家庭活动

家庭活动包括以下三方面内容：

1）群体活动——与家人共享天伦之乐，与亲友联络情谊，谈话、聚会、用餐、看电视、阅读等。

2）私人活动——每个家庭成员独自进行的私密行为，应与人保持适度距离，避免无谓干扰，包括睡眠、休闲、个人嗜好等。

3）家务活动——最繁重琐碎的工作，如准备膳食，维护环境清洁等。

4. 家庭经济状况

家庭经济状况包括收入水平、消费分配等。即使经济条件较好，但若不善用，不仅无法获得完美的生活环境，反而容易导致低级趣味。单纯的金钱因素只能交换物质条件，需加入智慧因素才能产生精神价值。经济不充裕时也不能草率地选用低品质材料，以避免造成双重损失。应追求良好的性价比，宁可采用高品质材料，实施分期付款，以保障长期的经济实效。

9.1.3 住宅室内设计的原则

住宅的空间一般多为单层、别墅（双层或三层）、公寓（双层或错层）的空间结构。住宅室内设计就是根据不同的功能需求，采用众多的手法进行空间的再创造，使居室内部环境具有科学性、实用性、审美性，在视觉效果、比例尺度、层次美感、虚实关系、个性特征等方面达到完美的结合，体现出“家”的主题，使业主在生理及心理上获得团聚、舒适、温馨、和睦的感受。

住宅室内设计在整体上应该考虑以下七个方面：

1. 功能布局

住宅的功能是基于人的行为活动特征而展开的。要创造理想的生活环境，首先应树立“以人为本”

的思想，从环境与人的行为关系研究这一最根本的课题入手，全方位地深入了解和分析人的居住和行为需求。

（1）基本功能

住宅的基本功能包括睡眠、休息、饮食、盥洗、家庭团聚、会客、视听、娱乐以及学习、工作等。这些功能因素又形成环境的静——闹、群体——私密、外向——内敛等不同特点的分区。

（2）平面布局

平面布局的内容包括各功能区域之间的关系，各房室之间的组合关系，各平面功能所需家具及设施、交通流线、面积分配、平面与立面用材的关系、风格与造型特征的定位、色彩与照明的运用等。

2. 面积标准

（1）最低面积标准

因人口数量、年龄结构、性格类型、活动需要、社交方式、经济条件诸因素的变化，在现实生活中，很难建立理想的面积标准，只能采用最低面积标准作为依据。

（2）确定居室面积前考虑与空间面积有密切关系的因素

1）家庭人口越多，单位人口所需空间相对越小。

2）兴趣广泛的、性格活跃的、好客的家庭，单位人口需给予较大空间。

3）偏爱较大群体空间或私人空间的家庭，可减少房间数量。

4）偏爱较多独立空间的家庭，每个房间相对狭小一点也无妨。

3. 平面空间设计

住宅平面空间设计是直接建立室内生活价值的基础工作，它主要包括区域划分和交通流线两个内容。

区域划分与交通流线是居室空间整体组合的要素，区域划分所致力的是整体空间的合理分配，交通流线寻求的是个别空间的有效连接。唯有两者相互协调作用，才能取得理想的效果。另外还需注意以下四点：

1）合理的交通流线以介于各个活动区域之间为宜，若任意穿过独立活动区域将严重影响其空间效用和活动效果。

2）尽量使室内每一生活空间能与户外阳台、庭院直接联系。

3）群体活动或公共活动空间宜与其他生活区域保持密切关系。

4）室内房门宜紧靠墙角开设，使家具陈设获得有利空间，各房门之间的距离不宜太长，尽量缩短交通流线。

4. 立面空间设计

室内空间泛指高度与长度，高度与宽度所共同构成的垂直空间，包括以墙为主的实立面和介于天花板与地板之间的虚立面。它是多方位、多层次的，有时还是相互交错融合的实与虚的立体。

立体空间塑造有两个方面的内容：一是贮藏、展示的空间布局，二是通风、调温、采光、设施的处理。

其手法上可以采用隔、围、架、透、立、封、上升、下降、凹进、凸出等手法以及可活动的家具、陈设等，辅以色调、材质、光照等虚拟手法的综合组织与处理，以达到空间的高效利用，增进室内的自然与人为生活要素的功效。

在实施时应注意以下五点：

1）墙面实体垂直空间要保留必要部分作通风、调温和采光，其他部分则按需作贮藏展示之空间。

2）墙面有立柱时可用壁橱架加以隐蔽。

3）立面空间要以平面空间活动需要为先决条件。

4）在平面空间设计的同时，对活动形态、家具配置详作安排。

5）在立面设计中调整平面空间布局。

5. 家具配置

家具配置是室内平面设计的核心。家具的选择和组合，取决于室内活动需要和空间条件。选用合适的与环境风格协调的家具，常能在住宅室内设计中起到举足轻重的作用。

（1）活动需要

1）家具结构形态和陈列方式，取决于家庭生活需求和生理、心理状态。

2）供群体活动的家具需依据所有参与者的生理、心理条件。

3）供个人使用的家具需合乎生理条件。

（2）空间条件

1）空间面积和造型对家具数量、大小、造型、陈列方式都有直接关系。

2）大面积空间选用家具的数量可较多，形体可较大，造型可较自由，陈列方式可多变化。

3）小面积空间，数量宜少，形体宜巧，造型宜单纯理性，陈列方式宜规范而有序。

6. 色、光、材、景

住宅室内的色调、光照、材质、景观，是空间利用和设计所不可忽略的重要组成要素，设计时应高度重视，细致考虑。

7. 整体统一

室内环境的整体设计是将同一空间的许多细部，以一个共同的有机因素统一起来，使它变成一个完整而和谐的视觉系统。设计构思立意时，需要根据业主的职业特点、文化层次、个人爱好、家庭人员的构成、经济条件等做综合的设计定位，形成造型的明晰条理、色彩的统一调子、光照的韵律层次、材质的和谐组织、空间的虚实比例以及家具的风格式样统一，以求设计取得赏心悦目的效果。

9.1.4 住宅室内各部分环境设计

现代住宅内部功能发展包含了人的全部生活场所，其功能空间的组成因条件和家庭追求而各具特点，但组成不外乎包括：玄关（门厅）、客厅、餐厅、厨房（兼餐厅）、卧室（夫妻、老人、子女、客用）、卫生间（双卫、三卫、四卫）、书房（工作间）、贮藏室、工人房、洗衣房、阳台（平台）、车库、设备间等。

从发展现状看，住宅建筑空间组织越来越灵活自由，建筑一般提供的空间构架除厨房、厕浴（卫生间）固定外，其他多为大开间构架式的布局，从而为不同的住户和设计师提供了根据家庭所需及设计追求自行分隔、多样组织、个性展现的空间条件。

1. 群体生活区

这是以家庭公共需要为对象的综合活动场所。这种群体区域在精神上代表着伦理关系的和谐，在意识上象征着邻里的合作。所以，待客、休闲、娱乐、用餐等皆以它为活动空间。

群体生活区按功能常分为以下六种区域：

（1）门厅（玄关）

门厅为住宅主入口直接通向室内的过渡性空间，它的主要功能是家人进出和迎送宾客，也是整套住宅的屏障。门厅面积一般为 2~4m^2，它面积虽小，却关系到家庭生活的舒适度、品位和使用效率。这一空间内通常需设置鞋柜、挂衣架或衣橱、储物柜等，面积允许时也可放置一些陈设物、绿化景观等。

在形式处理上，门厅应以简洁生动、与住宅整体风格相协调为原则，可做重点装饰屏障，使门厅具备识别性强的独特面貌，体现住宅的个性（图 9-1）。

图 9-1　门厅设计

（2）客厅

客厅也称起居室，是家庭群体生活的主要活动场所，是家人视听、团聚、会客、娱乐、休闲的中心，在中国传统建筑空间中称为“堂”。起居室是居室环境使用活动最集中、使用频率最高的核心住宅空间，也是家庭主人身份、修养、实力的象征。所以在布局设计上宜考虑设置在住宅的中央或相对独立的开放区域，常与门厅餐厅相连，而且应选择日照最为充实，最能联系户外自然景物的空间位置，以创造伸展、舒坦的心理感受。

起居室应具有充分的生活要素和完善的生活设施，使各种活动皆能在良好的环境条件下获得舒适方便的享受。如合理的照明、良好的隔音、灵活的温控、充分的贮藏和实用的家具等设备。起居室中的设备应具备发挥最佳功效的空间位置，形成流畅协调的连接关系。

同时，起居室的视觉造型形式必须充分考虑家庭性格和目标追求，以展现家庭性格修养为原则，采取相应的风格和表现方式，达到所谓的“家庭展览橱窗”的效果。起居室的装饰要素包括家具、地面、天棚、墙面、灯饰、门窗、隔断、陈设品、植物等（图 9-2）。设计时应掌握空间风格的一致性和住宅室内环境构思的一致性。

图 9-2　客厅设计

（3）餐厅

餐厅是家庭日常进餐和宴请宾客的重要活动空间。一般来说，餐厅多邻近厨房，但靠近起居室的位置最佳。餐厅可分为独立餐厅、与客厅相连的餐厅、厨房兼餐厅几种形式（图 9-3）。

图 9-3　餐厅设计

在住宅整体风格的前提下，家庭用餐空间宜营造亲切、淡雅、温馨的环境氛围，应采用暖色调、明度较高的色彩，具有空间区域限定效果的灯光，柔和自然的材质，以烘托餐厅的特性。另外，除餐桌椅为必备家具外，还可设置酒具、餐具橱柜，墙面也可布置一些摄影、绘画作品，以促进用餐的食欲。

（4）休闲室

休闲室也称家人室，是非正式的多功能活动场所，是一种兼顾儿童与成人的兴趣需要，将游戏、休闲、兴趣等活动相结合的生活空间，如健身、棋牌、乒乓、编织、手工艺等项目，为“第二起居室”（图 9-4）。其使用性质是对内的、非正式的、儿童与成人并重的空间。休闲室的设计应突出家庭主人的兴趣爱好，无论是家具配置、贮藏安排、装饰处理都需体现个性、趣味、亲切、自由、安全、实用的原则。

（5）书房

住宅中的书房是供阅读、藏书等活动的场所，是学习与工作的环境，可附设在卧室或起居室的一角，也可紧连卧室独立设置。书房的家具有写字台、电脑桌、书柜等，也可根据职业特征和个人爱好设置特殊用途的器物，如设计师的绘图台，画家的画架等。其空间环境的营造宜体现文化修养和宁静感，形式表现上讲究简洁、质朴、自然、和谐的风尚。书房有开放式书房、闭合式书房、私人办公室式书房等形式（图 9-5）。

图 9-4　休闲室

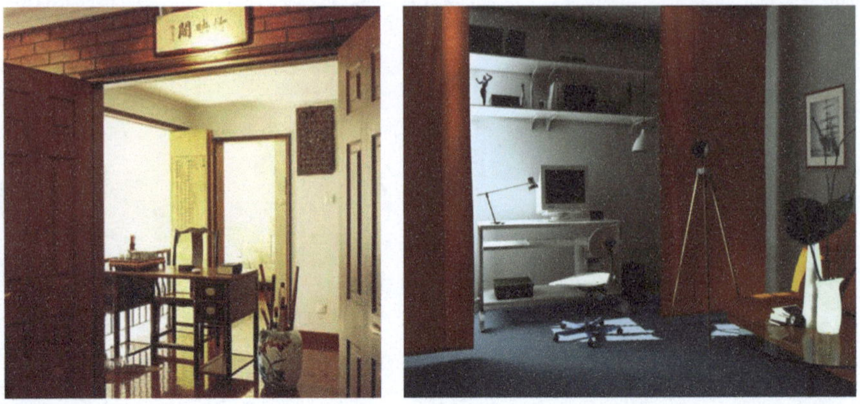

图 9-5　书房

（6）其他生活空间

住宅除室内空间外，常常根据不同条件还设置有阳台、露台、庭院等家庭户外活动场所。阳台或露台，在形式上是一种架空或通透的庭院，以作为起居室或卧室等空间的户外延伸，在设施上可设置坐卧家具，起到户外起居或沐浴阳光的作用。庭院为别墅或底层寓所的户外生活场所，以绿化、花园为基础，配置供休闲、游戏的家具和设施，如茶几、座椅、摇椅、秋千、滑梯和戏水池等，其设计特点是创造一种享受阳光、新鲜空气和自然景色的环境氛围（图 9-6）。

图 9-6　阳台和露台

2. 家务工作区

家务工作区包括厨房、家务室、储藏室、车库等，各种家庭事务应在省力、省时原则下完成。

厨房是专门处理家务膳食的工作场所，它在住宅的家庭生活中占有很重要的位置。其基本功能有储物、洗切、烹饪、备餐以及用餐后的洗涤整理等。

厨房从功能布局上可分为：储物区、清洗区、配膳区和烹调区四部分。根据空间大小、结构，其组织形式有U形、L形、F形、廊形等布局方式。基本设施有：洗涤盆、操作平台、灶具、微波炉、排油烟机、电冰箱、烤箱、储物柜、热水器，有些可带有餐桌、餐椅等。

厨房设计上应突出空间的洁净明亮、使用方便、通风良好、光照充足、符合人体工程学的要求且功能流线简洁合理。视觉上要给人以简洁明快、整齐有序，与住宅整体风格相协调的宜人效果。厨房位置与餐厅和起居室邻近为佳（图9-7）。

图9-7　厨房

3. 私人生活区域

私人生活区域，是成人享受私密性权利的空间，是儿女生长发展的温床。理想的居家应该使家庭每一成员皆拥有各自私人空间，成为群体生活区域的互补空间，便于成员完善个性、自我解脱、均衡发展。私人生活区域包括主人卧室、儿女室、客卧室及配套卫生间。

图9-8　主卧

（1）主人卧室

卧室是住宅中最私密、最安宁和最具心理安全感的空间，其基本功能有睡眠、休闲、梳妆、盥洗、储藏和视听等，其基本设施配备有双人床、床头柜、衣橱或专用衣帽储藏间、专用盥洗间、休息椅、电视柜、梳妆台等（图9-8）。

（2）儿女卧室

儿女卧室是家庭子女成长发展的私密空间，原则上必须依照子女的年龄、性别、性格和特征给予相应的规划和设计。按儿童成长的规律，子女房应分为婴儿期、幼儿期、儿童期、青少年期和青年期五个阶段。婴儿可与父母共居一室；幼龄儿女需有一个游戏场所，使之能自由尽情发挥自我；青少年期的儿女需要适当的私密空间，使其在学习、休闲时皆能避免受到外界干扰，保障他们的情绪与精力（图9-9）。

图9-9　儿女卧室

4. 卫生间

理想的住宅里卫生间应是卧室的一个配套空间，应为每个卧室设置一个卫生间，但事实上，目前多数住宅无法达到这个标准。在住宅中如有两间卫生间时，应将其中一间作为主人卧室专用，另外一间作为公用。如只有一间时，则应设置在卧室区域的中心地点，以方便使用。卫生间可分为开放式（所有卫生设备同置一室）、分隔式（以隔断区分为数个单位）两种。

卫生间的基本设备有洗脸盆、浴缸或淋浴房、坐便器和净身器等。其设备配置应以空间尺度条件及活动需要为依据。由于所有基本设备皆与水有关，给水排水系统，特别是坐便器的污水管道，必须合乎国家质检标准，地面排水斜度与干湿区的划分应妥善处理。

卫生间应有通风、采光和取暖设施。在通风方面，利用窗户可获得自然通风，用抽风机也可获得排气的效果。采光设计上应设置普遍照明和局部照明形式，尤其是洗脸与梳妆区宜用散光灯箱或发光平顶以取得无影的局部照明效果。此外，冬季寒冷区的浴室还应设置电热器或“浴霸”电热灯等取暖设施。

卫生间除了基本设施外，需配置梳妆台、浴巾与清洁器材储藏柜和衣物储藏柜。此外，必须注意所有材料的防潮性能和表现形式的美感效果，使浴室成为实用、优美的生活空间（图 9-10）。

图 9-10　卫生间

9.1.5　住宅室内照明

1. 主要房间照明

（1）起居室

起居室是最大的家庭中心空间，因此，使用灯光种类很多，选择照明方法时，功能、照度、情调等因素都要考虑到。

1）整体照明应选用不太刺眼的灯具镶在顶棚，可结合吊顶的跌落变化设置暗灯槽，增加整体光感效果。若想制造情调，则用投光灯或聚光性小的灯泡为佳，可根据房间的大小来考虑灯的位置及数量。

2）需要局部灯光照射时，可放置落地灯或在沙发边小桌上放置小型台灯，以方便使用。

3）在装饰橱柜中可使用间接照明，以使橱柜中的装饰物显得更美，也可用日光灯或在顶棚安置聚光灯照射。聚光灯也适于照射绘画作品。

4）使用垂吊灯具需考虑家具的配置，并与家具相协调，如可照射在茶桌上。垂吊灯具与顶棚吸顶灯相同，是房间灯光的重点，其他照明不要过于突出，以免喧宾夺主。

总之，不管用哪种方法，都应把整体照明与局部照明巧妙地分开控制和使用，开关也不要只限一个地方。家庭团聚时灯光可以明亮些；休息时只用局部照明；亲密交谈时，除用局部灯光外，还可配合蜡烛照明。

（2）餐厅

餐厅应制造舒适愉快的气氛，以增加食欲。可设置一两盏半直接或直接照明的吊灯，高度离桌面约80~100cm，并可调节。吊灯以桌子为照射中心，这样能把饭菜照射得很吸引人，也可使玻璃器皿显得更加精美，为家庭带来聚会的欢乐氛围。

（3）厨房、杂室

厨房是烹调菜肴的地方，必须非常干净，也需要有充分的照明。碗橱内，应设杀菌灯。杂室应和厨房一样明亮，以方便处理家务。

（4）书房

书房除桌上有台灯，便于长时间阅读外，顶棚下应设一盏整体照明灯。

（5）卧室

不管何种类型的卧室，照明均需柔和；床头也需要灯光，或用台灯，或用壁垂灯，整个房间以采用间接式照明为宜。

（6）儿童卧室

要根据儿童的特点设计儿童卧室照明。儿童卧室同时也是读书和游戏的场所。年龄较小时，灯光宜采用整体式与局部式混合使用，不要使用落地灯具，以防绊倒儿童。年龄再大一点，书桌上便需局部照明。

2. 次要房间照明

（1）盥洗室、浴室、厕所

在镜台上端或两侧，应设有明亮灯光，以方便化妆。日光灯以不露光源为佳。白炽灯应装在壁灯里使用，成为扩散球灯，以使人的脸型更美。浴室中的地面需有较亮光度，灯具必须考虑到防潮处理。厕所占地小，使用时间短，因此宜采用明亮的白炽灯，壁灯、顶灯均可。

（2）走廊、楼梯

走廊要避免阴暗，应设顶棚灯或壁灯，转角处更要保持良好的光线。

楼梯部分应设壁灯或垂灯，以保证安全。开关应上下皆可控制，方便使用。

（3）门厅

门厅是住宅给人第一印象的地方，要用灯光营造出特别的气氛，使家人归来时有安心感，宾客造访时有宾至如归的印象。

门厅灯光不能昏暗，应有充分明度。若有绘画或花卉之类的装饰物，可用局部投射照明，增添气氛。

3. 其他空间照明

（1）室外

阳台、庭院是室内的延伸部分，其人工照明产生的气氛与白天不同。配置灯具时需注意以下四点：

1）阳台的照明器设在屋外的墙里，在室内看不见电源，以柱光与壁光为宜。

2）为预防漏雨，应使用防水灯具。如果阳台有顶，可装吸顶灯。

3）用水银灯照射庭院，使其有清凉感，并尽量用不太显眼、形态简单的灯器。

4）若是作观赏用，则需各种技术化的照明。

（2）建筑物外部照明

为防盗和提高隐私性，装室外照明时，应力求从室外看不到室内的情形，并能增加建筑物的美观。

9.1.6　住宅室内设计程序

住宅室内设计是一种以满足个别家庭需要为目标的创造行为。因此，设计时应充分把握家庭实质，通过一种精密而冷静的作业程序，从家庭因素和住宅综合条件分析，进行实际空间计划和形式创造。住宅室内设计程序分为以下三个阶段：

1. 分析阶段

（1）家庭因素分析

1）家庭结构形态：新生期、发展期、老年期。

2）家庭综合背景：籍贯、教育、信仰、职业。

3）家庭性格类型：共同性格、个别性格、偏爱、偏恶、特长、忌讳。

4）家庭生活方式：群体生活、社交生活、私生活、家务态度和习惯。

5）家庭经济条件：高、中、低收入型。

（2）住宅条件分析

1）建筑形态：独栋、集合式公寓、古老或现代建筑。

2）建筑环境条件：四周景观、近邻情况、私密性、宁静性。

3）自然要素：采光、通风、湿度、室温。

4）住宅空间条件：平面空间组织与立面空间条件，如：室内外各区域之间的空间关系，空间面积，门窗、梁柱、顶棚高度变化等。

5）住宅结构方式：室内外的材料与结构。

2. 设计阶段

设计阶段的工作重点是根据分析阶段所得的资料提出各种可行性的设计构想，选出最优方案，或综合数种构想的优点，重新拟定一种新的方案。

平面空间设计以功能为先；立面形式设计以视觉表现为主。

设计方案定稿后，绘制三视设计图，绘制透视图或制作模型，以加强构思表现，并兼作施工的参考。

3. 施工制作阶段

施工制作阶段的工作重点有如下六条：

1）根据设计方案，拟定具体制作说明，制作施工进度表。

2）依据施工设计方案购置装潢建材，雇工或发包。

3）住宅室内施工的一般顺序为：空间重新布局（隔断、吊顶）→管线布置（水管、电线、电话、电视、音响等布线）→固定家具布局（厨房操作台、书房吊柜、吊顶等）→泥水作业（铺贴地砖、面砖）→木工作业（家具、门套、窗台等）→铺设木地板→油漆作业（墙面涂料、家具门板等上木漆）→安装作业（灯具、五金、设备等）→验收→美化作业（软装饰、绿化等）。

4）施工中，需随时严格监督工程进度、材料规格、制作技法是否正确。

5）如发现问题需随时纠正，涉及设计错误和制作困难的，应重新检查方案予以修正。

6）完工后根据合同验收。

9.2 生活空间组织与界面

1. 室内空间的组织

室内设计一个重要的工作内容就是组织空间，这既是一种技术又是一种艺术，成功的空间组织是技术与艺术的高度融合。

对不同内部空间进行功能和形式的有序组织和安排，可以创造出一个有联系的合理的建筑内容空间关系。

以下三个内容要充分重视：

1）要注意空间使用的秩序，分配出空间的主从关系。

2）要根据空间内容设计出空间流程关系。

3）要根据空间的主从关系和流程秩序设计出空间路径。

2. 各类界面的功能特点

1）底面（地面、楼面）——耐磨、防滑、易清洁、防静电。

2）侧面（墙面、隔断）——挡视线，较高的隔声、吸声、保暖、隔热要求。

3）顶面（平顶、顶棚）——光反射率高，较高的隔声、吸声、保暖、隔热要求。

3. 室内界面的处理

界面处理是居室空间设计中要求对界面质、形、色的协调统一，尤其是对居室空间的营造产生重要影响的因素，如布局、构图、意境、风格等。

（1）居室界面

居室界面即围合成居室空间的底面（地面）、侧面（墙面、隔断）和顶面（天面）。顶面（天面）的确定是确定居室空间室内外的依据。

（2）室内界面的设计

生活空间室内界面设计既有功能和技术要求，也有造型和美观要求。作为材料实体的界面，有界面的材质选用，界面的形状、图形线角、肌理构成的设计，以及界面和结构构件的连接构造，风、水、电等管线设施的协调配合等方面的设计。

基于以上概念，居室空间界面处理可以概括为六个原则：功能、造型、材料、实用、协调、更新。

（3）居室空间界面设计的六个原则

1）功能原则——技术。

著名建筑大师贝聿铭有这样一段表述："建筑是人用的，空间、广场是人进去的，是供人享用的，要关心人，要为使用者着想。"也就是说，使用功能的满足是居室空间设计的第一原则。需要设计不同界面满足其不同的功能需要。

例：起居室的功能是会客、娱乐等，其主墙界面设计要满足这样的功能。

2）造型原则——美感。

居室界面设计的造型表现占很大的比重。其构造组合、结构方式使得每一个最细微的建筑部件都可作为独立的装饰对象。

例：门、墙、檐、顶棚、栏杆等做出各具特色界面、结构装饰。

3）材料原则——质感。

居室空间的不同界面、不同部位可选择不同的材料，借此来达到质感上的对比与衬托，从而更好地体现居室设计的风格。

例：界面质感的丰富与简洁，粗犷与细腻，都是在对比中得到体现的。

4）经济原则——经济实用。

从经济实用的角度去思考界面处理在材料、工艺等方面造价要求。

例：餐厅界面设计中，地板及砖材料的价格也是衡量的一个依据。

5）协调原则——配合。

起居室顶面设计中重要的是必须与空调、消防、照明等到有关设施工种密切配合，尽可能使顶棚上部各类管线协调配置。

例：起居室空调、音响、换风等。

6）更新原则——时尚。

21世纪居室空间消费呈现出"自我风格"与"后现代"设计的趋势，具有鲜明的时代感，讲究"时尚"。

例：原有装饰材料需要由无污染，质地和性能更好，更新颖、美观的装饰材料取代。

（4）居室空间界面设计的思考

1）天面。基于界面设计的六个原则，引发人们对居室天面、墙面、地面设计上的一些思考。天面与地面是室内空间中相互呼应的两个面。作为建筑元素，天面在空间中扮演了一个非常重要的角色。首先它的高度决定一个空间的尺度，直接影响人们对室内空间的视觉感受。不同功能的空间都有对天面尺度的要求，尺度不同，空间的视觉和心理效果也截然不同。天面上有平面的落差处理，也有空间区域的区分作用和效果。在天地之间是墙，高度由天面决定，所以在进行室内设计过程中，天面总是在墙面之前要考虑的问题。

2）墙面（隔断）。墙是建筑空间中的基本元素，有建筑构造的承重作用和建筑空间的围隔作用。与其他建筑元素不同，墙的功能很多，而且构成自由度大，可以有不同的形态，如直、弧、曲等，也可以由不同材料构成（有机的、无机的），因此在建筑空间里，设计师对墙的表现最为自由，有时候可以随心所欲地发挥。

3）地面。地面色彩是影响整个空间色彩主调和谐与否的重要因素，地面色彩的轻重、图案的造型与布局，直接影响室内空间的视觉效果。因此，在居室室内空间设计上既要充分考虑色彩构成的因素，同时还要考虑地面材质的吸光与反光作用。地面拼花要根据不同环境要求而设定，通常情况下色彩构成要素越简单、越整体越好，要素应该是越少越好。拼花要求加工方法单纯、明快，符合人们的视觉心理，避免视觉疲劳。因此，在进行地面设计时，必须综合考虑多种因素，顾及空间、凹凸、材质、色彩、图形、肌理等关系。

（5）生活空间界面感觉

基于以上界面设计思考而引出居室空间界面的视觉感受，例如：

1）线型划分与视觉感受：垂直划分使人感觉空间紧缩、增高，水平划分使人感觉空间开阔、降低。

2）浅与视觉感受：顶面深色使人感觉空间降低，顶面浅色使人感觉空间增高。

3）大小与视觉感受：大尺度花饰使人感觉空间缩小，小尺度花饰使人感觉空间增大。

4）材料质感与视觉感受：石材、面砖、玻璃使人感觉挺拔冷峻，木材、织物较有亲切感。

9.3 家装设计案例

一套房子的七种设计方案。

这套房子的原建筑平面图如图 9-11 所示。

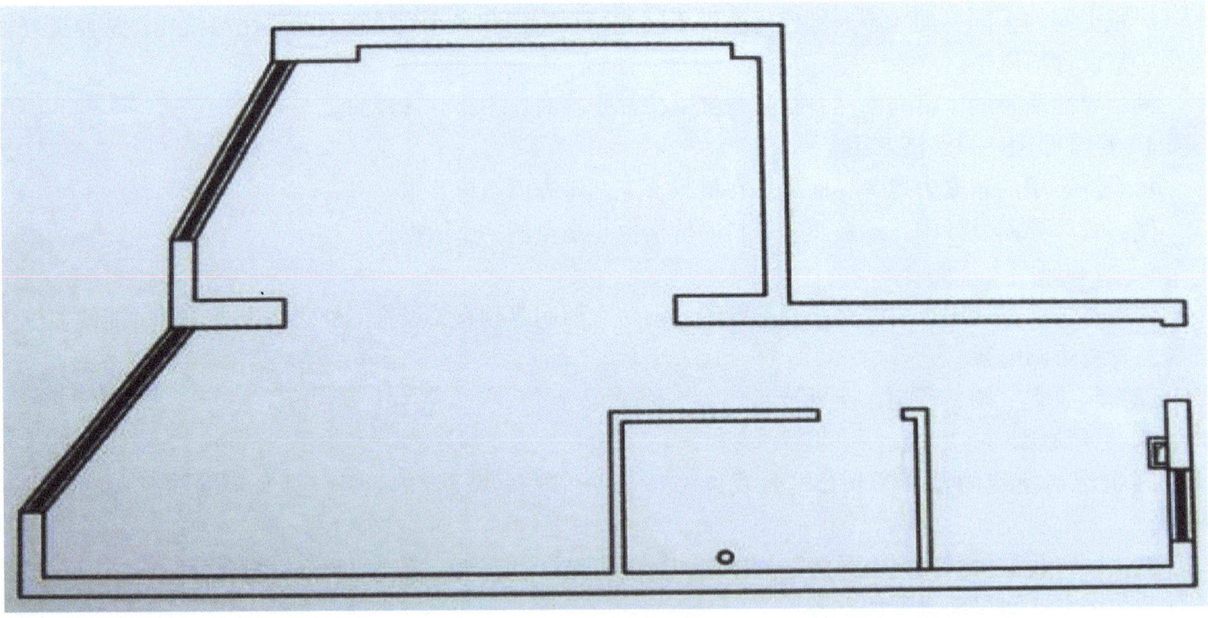

图 9-11 原建筑平面图

第一个方案中，卫生间是两面相通的。卫生间的镜面门与衣帽间镜面墙可合二为一。优点：卫生间既有主卫功能，又能作为客卫，原本不大的空间得到了合理的利用（图 9-12）。

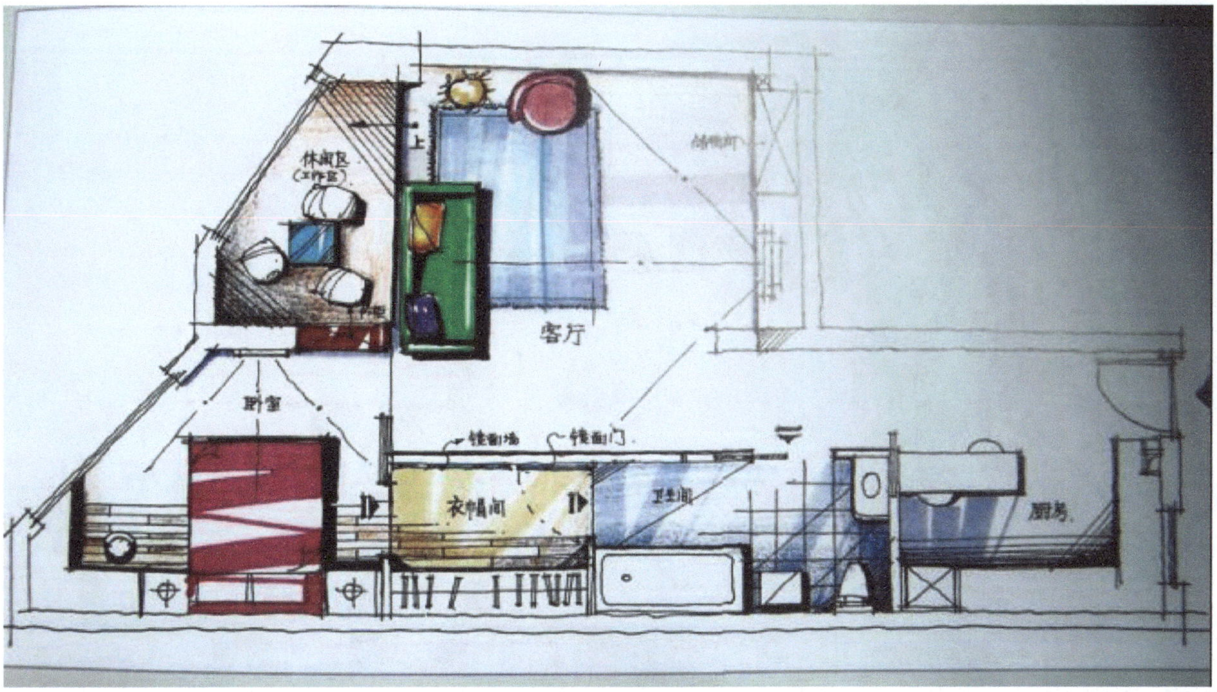

图 9-12 第一个方案

第二个方案中，储物柜为电视背景墙创造了便利的条件，同时实现了储物柜的多功能性（图 9-13）。

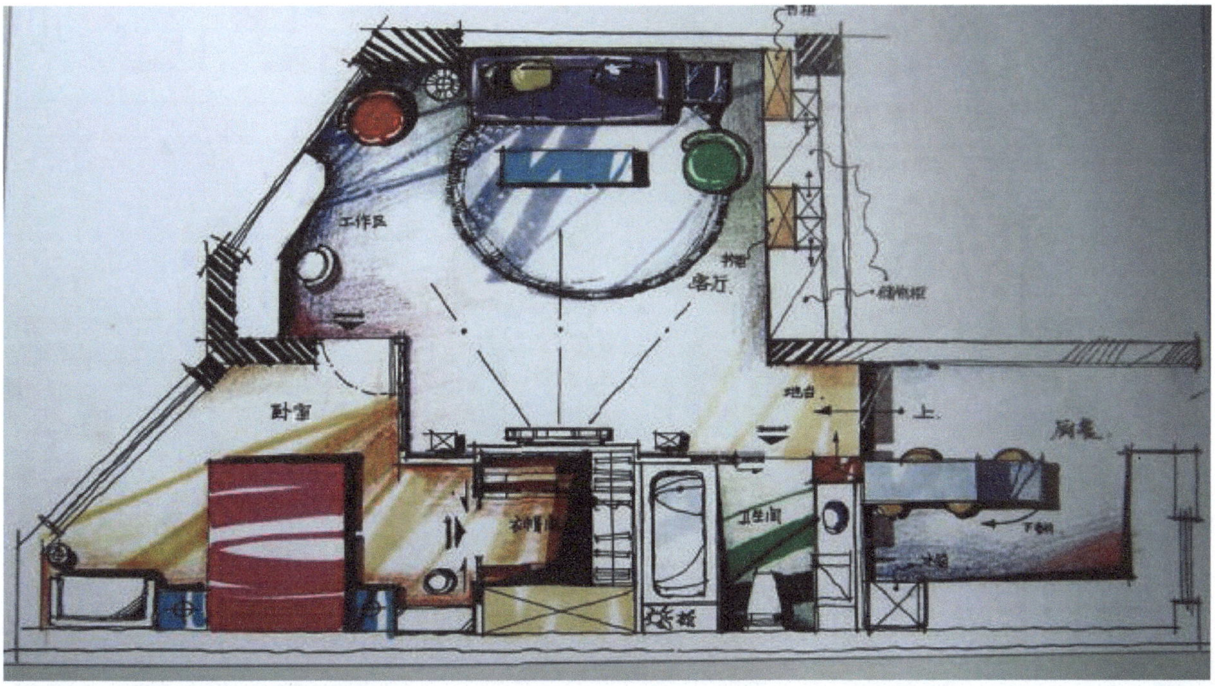

图 9-13 第二个方案

第三个方案，设计的超大客厅，会令业主从感官上会模糊小房间的概念，整个客厅显得大气与开阔，但是其他空间上的压缩会使功能分区受到限制（图 9-14）。

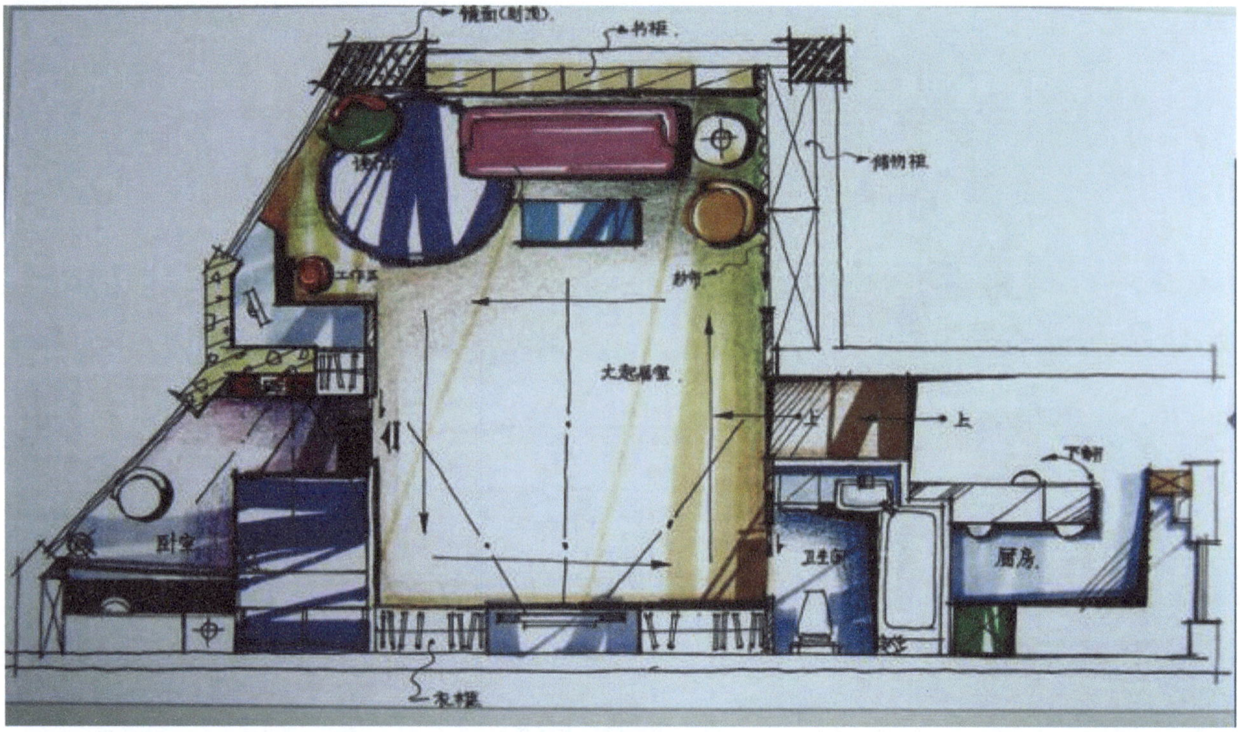

图 9-14　第三个方案

第四个方案中，时间上重叠使用书房，方案构思巧妙，看得出设计师下了功夫，但是布局上会造成许多空间的划分不明朗，造成使用率的低下，反而会显得浪费空间（图 9-15）。

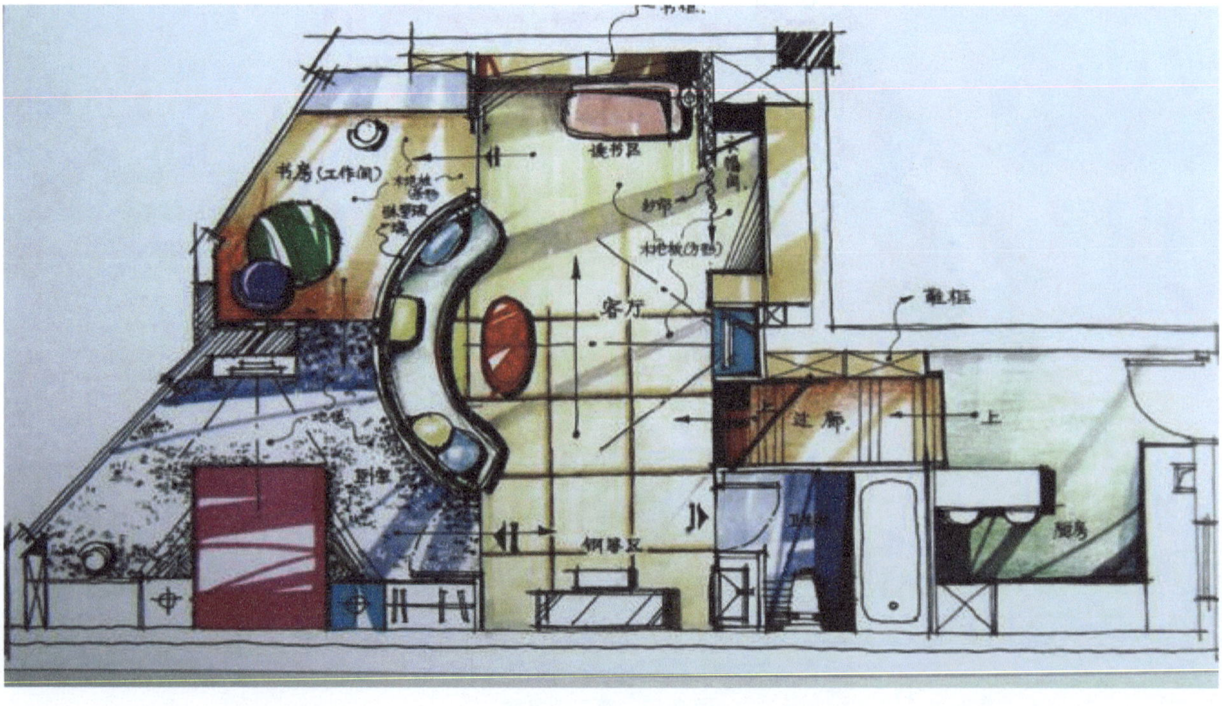

图 9-15　第四个方案

第五个方案设计了自由组合的空间，过道卫生间是其特色。卧室的位置是该方案的一大亮点，但是这样做主人的私密性是否会受到影响还要接受考验（图 9-16）。

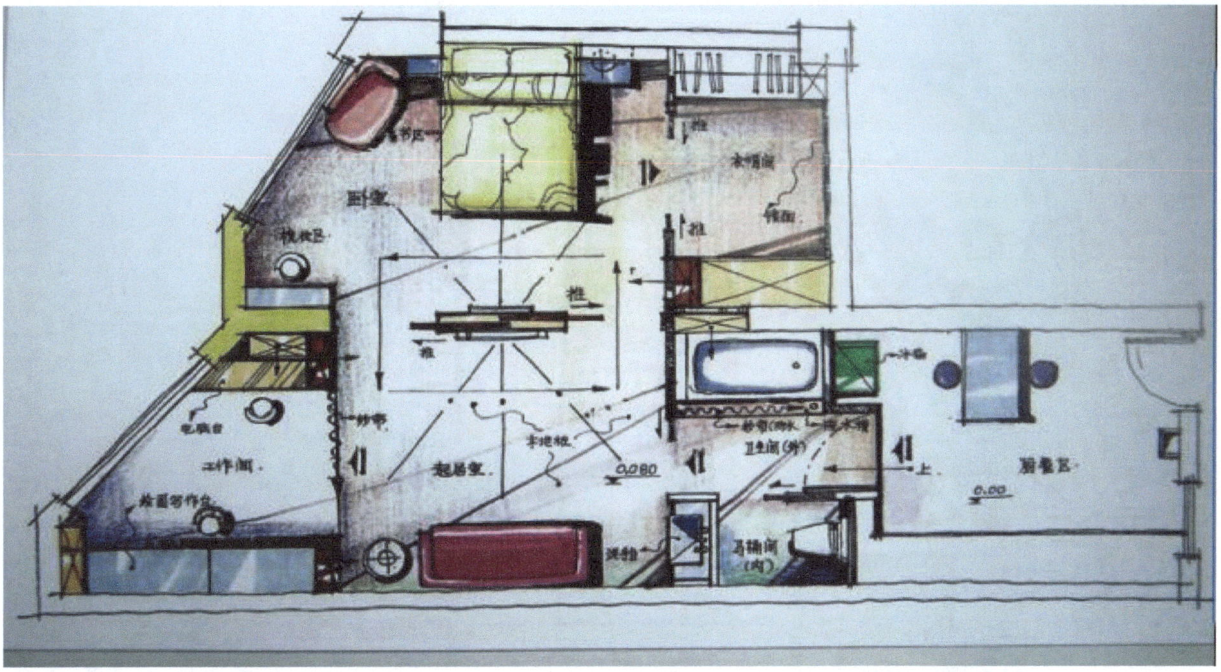

图 9-16　第五个方案

第六个方案中，可以看到圆弧的玄关、圆弧的厨房、圆形的卫生间与浴缸、圆形的工作台、圆形的房间和圆形的床。超前卫的设计，会深得年轻人的喜爱，但是圆形空间会使原本就不大的空间造成浪费（图 9-17）。

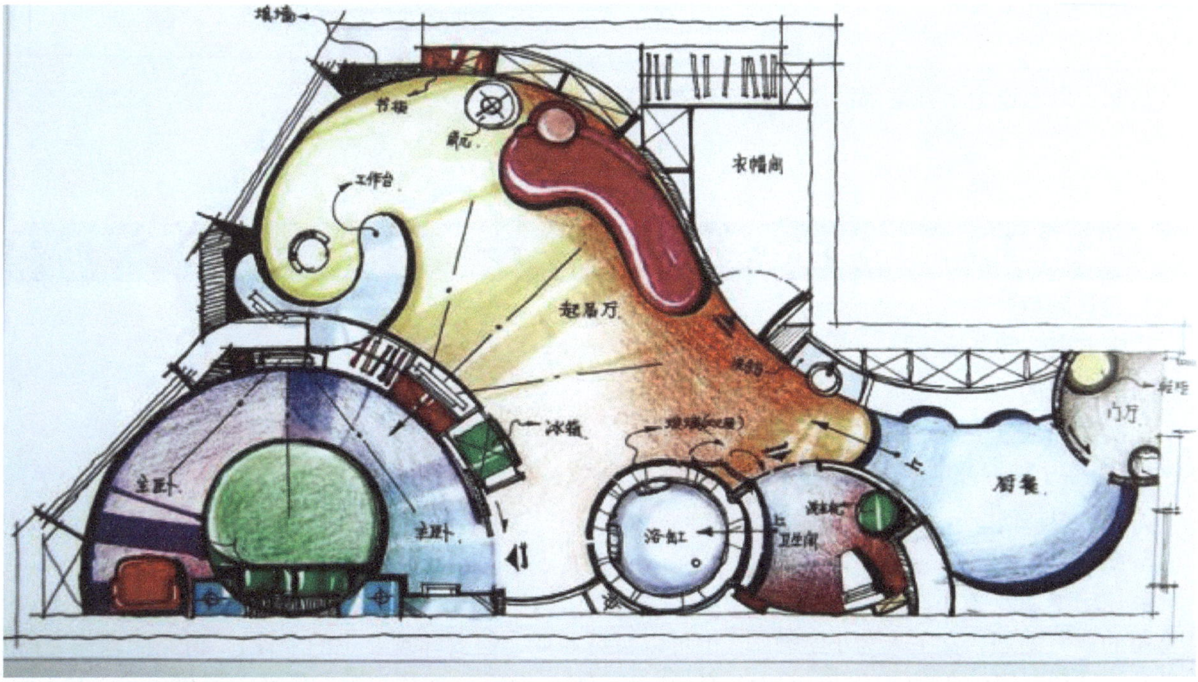

图 9-17　第六个方案

第七个方案中，厨房、卫生间是“房中的房子”，桌子是“桌旁边的桌”，床是“床里的床”（图 9-18）。

图 9-18 第七个方案

其实，以上这七个方案都设计得相当不错。

9.4 住宅室内空间装饰设计实训

1. 设计题目

住宅室内空间装饰设计

2. 教学目的

此次设计是学生要完成的一次综合性课程设计，主要目的是：

1）进一步把握住宅室内设计的理念、原则和方法；

2）进一步强化手工图或电脑绘图的训练。

3. 要求

某住宅平面及主要参数如附图，居住人口为一对夫妻、一位老人和一个上小学的小孩。男主人是某公司的业务助理，女主人为小学教师（也可以自订职业，但要体现业主的个性）。请完成该住宅的室内设计，做到适用、合理、环保、健康、有一定的特色，将装修费用控制在每平方米 800 元左右（不含家具）。

4. 图纸

A3 图纸（可用草图纸），画工具草图或徒手草图，内容为：

平面图	1 : 75	一个	占一张 A3 图纸
天花平面图	1 : 75	一个	占一张 A3 图纸
立面图	1 : 50	三个或四个	占一张 A3 图纸
详图	两组	占一张 A3 图纸	
透视图 6 张	含客厅、主卧 各两张、餐厅、入口各一张		

上述图纸装订成册，并要用稍厚的纸做封面与封底。封面上应整齐书写题目、班级、姓名、指导教师及日期。

5. 实施安排（根据任课老师具体安排）

（1）一草阶段

◎熟悉题目。

◎把相关资料及典型住宅户型进行调研。

◎参观一两个典型住宅户型空间环境，进行考察。

◎以上内容写成书面报告。

（2）二草阶段

◎总结一草存在的主要问题，并在此基础上，归纳总结出一个方案。

◎注意流线及空间划分。

◎合理安排空间的导向作用。

◎考虑室内风格与业主要求的统一及联系。

（3）整理绘图阶段

◎要求用绘图纸绘制墨线图。

◎正确表达设计意图。

◎各面的关系对应正确，符合制图标准，图线分类明确。

◎各种室内家具、设备的尺度合理。

◎空间要领表达正确，划分合理，并能形成空间的完整性。

◎室内透视图，要求能真实准确地表现室内空间的形体关系和环境气氛。

6. 评分标准

（1）原理与相关知识　10 分

（2）调研与搜集材料　10 分

（3）方案设计能力　60 分

◎分区明确。功能合理流线组织顺畅　30 分

◎空间组织合理，尺度适宜　10 分

◎造型能立　10 分

◎符合规范要求　10 分

（4）表达能力　20 分

7. 注意事项

1）透视图技法不限，原则上要用马克笔或彩色铅笔上色，平立面也可以上色，但颜色种类不要过多，一张 A3 纸上最好只画一张透视图。

2）每张图纸上均可插画一些带有构思性质的小图，或必要的说明。

3）三个重点：要有内涵，注意材料，做好手工图。

4）户型如下：

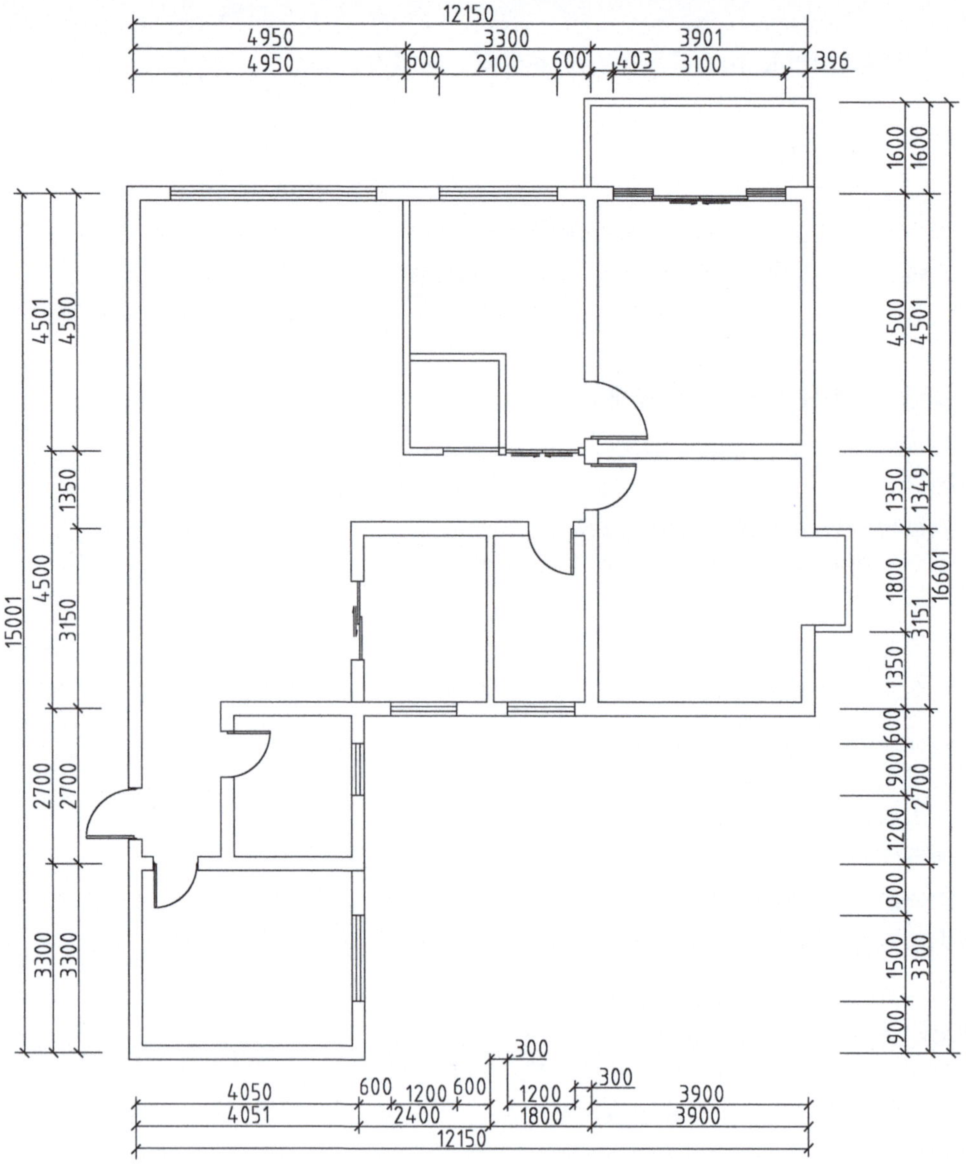
12150
4950
3300
3901
4950
600
2100
600
403
3100
396
1600
1600
4500
4501
1350
1349
1800
3151
16601
1350
600
900
2700
1200
900
1500
3300
900
15001
4501
4500
1350
4500
3150
2700
2700
3300
3300
300
4050
600
1200
600
1200
300
3900
4051
2400
1800
3900
12150

图 9-19　原建筑平面图

第 10 章　公装空间装饰设计实务 | CHAPTER 10

学习目标：通过对本章的学习，了解公共空间装饰设计的要点；熟悉并掌握商业、办公、餐饮及展示等空间的装饰设计。

学习要求：

能力目标	知识要点	相关知识	权重
理解能力	了解公共空间装饰设计的要点	公装设计要点，设计方法要点，界面处理要点	30%
掌握能力	熟悉并掌握商业、办公、餐饮及展示等空间的装饰设计方法	设计方法，界面处理	30%
应用能力	公装空间的设计	实务操作	40%

10.1　专题一：商业空间装饰设计

商场是商业活动的主要集中场所，在从一个侧面反映一个国家，一个城市的物质经济状况和生活风貌。今天的商场功能正向多元化，多层次方向发展，并形成新的消费行为和心理需求，对装饰设计师而言，商场室内环境的塑造，就是为顾客创造与时代特征相统一，符合顾客心理行为充分体现舒适感、安全感和品味感的消费场所。

10.1.1　商业空间的类型与特点

1. 购物行为

购物行为是指顾客为满足自己生活需要而进行的全过程的购买活动。人的购买心理活动，可分为六个阶段与三个过程，即：认识、知识、评定、诚信、行为、体验六个阶段和认识过程、情绪过程、意志过程，它们相互依存、相互关联。

了解和认识消费者的购买心理全过程特征是商业环境设计的基础。商场除了商品本身的诱导外，销售环境的视觉诱导也非常重要。从商业广告、橱窗展示、商品陈列到空间的整体构思、风格塑造等都要着眼于激发顾客购买的欲望，要让顾客在一个环境优雅的商场里，情绪舒畅、轻松和兴奋，并激起顾客的认同心理和消费冲动。

2. 商店类别

1）专业商店——又称专卖店，经营单一的品牌，注重品种的多规格、多尺码。

2）百货商店——经营种类繁多商品的商业场所，使顾客各得所需。

3）购物中心——满足消费者多元化的需要，设有大型的百货店、专卖店、画廊、银行、饭店、娱乐场所、停车场、绿化广场等。

4）超级市场——是一种开架售货，直接挑选，高效率售货的综合商品销售环境。

3. 商场功能

1）展示性：指商品的分类，有序的陈列。

2）服务性：指销售、洽谈、维修、示范等行为。

3）休闲性：指附属设施的提供，设置餐饮、娱乐、健身、酒吧等场所。

4）文化性：指大众传播信息的媒介和文化场所。

4. 商业设计的内容

1）门面、招牌——商店给人的第一视觉就是门面，门面的装饰直接显示商店的名称、行业、经营特色、档次，是招揽顾客的重要手段，如图 10-1 所示。

图 10-1　商店门面

2）橱窗——吸引顾客，指导购物、艺术形象展示，如图 10-2 所示。

图 10-2　商品橱窗展示

3）商品展示——POP[1]（广告）展示，如图 10-3 所示。

4）货柜——地柜、背柜、展示柜，如图 10-4 所示。

图 10-3　地柜商品展示

图 10-4　展示柜

5）商场货柜布置——尽量扩大营业面积，预留宽敞的人流线路，如图 10-5 所示。

6）柱子的处理——淡化柱子的形象，或结合柱子做陈列销售点，如图 10-6 所示。

图 10-5　货柜布置

图 10-6　环柱货柜

[1] POP（广告）是英文 point of purchase Ad. 的缩写，英文原意是“在购物场所能促进销售的广告”。

7）营业环境处理——顶棚墙面、地面、照明、色彩，如图10-7所示。

8）陈列方式——集中陈列、静态陈列，如图10-8所示。

图10-7 营业环境处理

图10-8 陈列架

10.1.2 商业空间功能组织

1. 空间的引导与组织

（1）商品的分类与分区

商品的分类与分区是空间设计的基础，合理化的布局与搭配可以更好地组织人流、活跃整个空间、增加各种商品售出的可能性。

一个大型商店可按商品种类进行分区。例如，一个百货店可将营业区分成化妆品区、服装区、体育用品区、文具区等，也有的商店将一个层面分租给不同的公司经营，这一层层面自然按不同公司分成不同部分。

（2）购物行动路线的组织

商业空间的组织是以顾客购买的行为规律和程序为基础展开的，即：吸引→进店→浏览→购物（或休闲、餐饮）→浏览→出店。

（3）柜架布置基本形式

柜架布置是商场室内空间组织的主要手段之一，主要有以下几种形式：

1）顺墙式——柜台、货架及设备顺墙排列。此方式售货柜台较长，有利于减少售货员，节省人力。一般采取贴墙布置和离墙布置，后者可以利用空隙设置散包商品。

2）岛屿式——营业空间岛屿分布，中央设货架（正方形、长方形、圆形、三角形），柜台周边长，商品多，便于观赏、选购，顾客流动灵活，感觉美观。

3）斜角式——柜台、货架及设备与营业厅柱网成斜角布置，多采用45°斜角布置。能使室内视距拉长，达到更深远的视觉效果，既有变化又有明显的规律性。

4）自由式——柜台货架随人流走向和人流密度变化，灵活布置，使厅内气氛活泼轻松。将大厅巧妙地分隔成若干个既联系方便、又相对独立的经营部，并用轻质隔断自由地分隔成不同功能、不同大小、不同形状的空间，使空间既有变化又不杂乱。

5）隔绝式——用柜台将顾客与营业员隔开的方式。商品需通过营业员转交给顾客。此为传统式，便于营业员对商品的管理，但不利于顾客挑选商品。

6）开敞式——将商品展放在售货现场的柜架上，允许顾客直接挑选商品，营业员的工作场地与顾客活动场地完全交织在一起。能迎合顾客的自主选择心理，造就服务意识。

（4）营业空间的组织划分

1）利用货架设备或隔断水平方向划分营业空间。其特点是空间隔而不断，保持明显的空间连续感，同时，空间分隔灵活自由，方便重新组织空间。这种利用垂直交错构件有机地组织不同标高的空间，可使各空间之间有一定分隔，又保持连续性。

2）用顶棚和地面的变化来分隔空间。顶棚、地面在人的视觉范围内占相当比重，因此，顶棚、地面的变化（高低、形式、材料、色彩、图案的差异）能起空间分隔作用，使部分空间从整体空间中独立，是对重点商品的陈列和表现，并能较大程度地影响室内空间效果。

（5）营业空间延伸与扩大

根据人的视差规律，通过空间各界面（顶棚、地面、墙面）的巧妙处理，以及玻璃、镜面、斜线的适当运用，可使空间产生延伸、扩大感。

比如：通过营业厅的顶棚及地面的延续，使内外空间连成一片，起到由内到外延伸和扩大作用；玻璃能使空间隔而不绝，使内外空间互相延伸、借鉴，达到扩大空间感的作用。

2. 视觉流程

商场视觉空间的流程可分为商品促销区、展示区、销售区（含多种销售形式）、休息区、餐饮区、娱乐区等。该类空间视觉流程的设计趋向于导向型和流畅型。

3. 商业环境的界面

商场地面、墙面和顶棚是主要界面，其处理应从整体出发，烘托氛围，突出商品，形成良好的购物环境。

商场的地面——地面应考虑防滑、耐磨、易清洁等要求，并减少无谓的高差，保持地面通畅、简洁。对地面耐磨要求，常以同质地砖或花岗石等地面材料铺砌。

商场的墙面——基本上被货架、尾柜等道具遮挡，一般只需用乳胶漆等涂料涂刷或施以喷涂处理即可，局部墙面可做重点特殊处理，营业厅中的独立柱面往往在顾客的最佳视觉范围内，因此柱面通常是塑造室内整体风格的基本点，须加以重点装饰。

商场的顶棚——除入口、中庭等处结合厅内设计风格可作一定的造型处理外，顶棚应以简洁为主。大型商场自出入口至垂直交通设施入口处（自动梯、楼梯等）的主通道位置相对较为固定，其上部的顶棚可在造型、照明等方面做适当呼应，或做比较突出的处理。

10.2 专题二：办公建筑装饰设计

10.2.1 各类用房组成、设计总体要求

各类用房组成

办公空间的各类功能空间，通常由主要办公空间、公共接待空间、交通联系空间、配套服务空间、附属设施空间等构成。

（1）主要办公空间

主要办公空间是办公空间设计的核心内容，一般有小型办公空间、中型办公空间和大型办公空间三种。

1）小型办公空间：其私密性和独立性较好，一般面积在40m^{2}以内，可满足专业管理型的办公需求（图10-9）。

2）中型办公空间：其对外联系较方便，内部联系也较紧密，一般面积在40~150m^{2}以内，适用于组团型的办公方式。

3）大型办公空间：其内部空间既有一定的独立性又有较为密切的联系，各部分的分区相对较为灵活自由，适用于各个组团共同作业的办公方式，如图10-10所示。

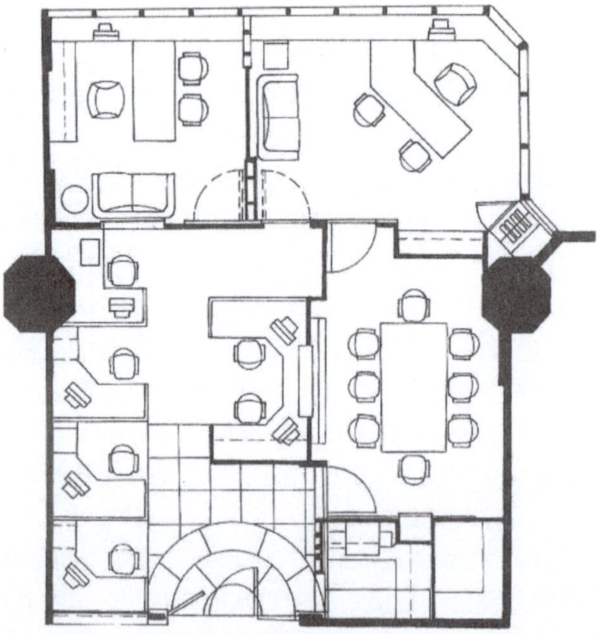

图10-9 小型办公空间

图 10-10 办公空间平面图

（2）公共接待空间

主要指用于办公楼内进行聚会、展示、接待、会议等活动需求的空间。

一般有小、中、大接待室；小、中、大会客室；大、中、小会议室；各类大小不同的展示厅、资料阅览室、多功能厅和报告厅等，如图 10-11 所示。

图 10-11 会议室

（3）交通联系空间

主要指用于楼内交通联系的空间。一般有水平交通联系空间及垂直交通联系空间两种：

1）水平交通联系空间主要指门厅、大堂、走廊、电梯厅等空间。

2）垂直交通联系空间主要指电梯、楼梯、自动梯等。

（4）配套服务空间

主要为主要办公空间提供信息、资料的收集、整理存放需求的空间以及为员工提供生活、卫生服务和后勤管理的空间。通常有资料室、档案室、文印室、电脑机房、晒图房、员工餐厅、开水以及卫生间和后勤、管理办公室等。

（5）附属设施空间

主要指保证办公大楼正常运行的附属空间。通常为变配电室、中央控制室、水泵房、空调机房、电梯机房、电话交换房、锅炉房等。

10.2.2 办公室

1. 办公室的基本布置类型

办公室通常有带走廊的中、小办公室和开放型的大办公室。

两者各有优缺点。前者具有私密性高、各房间的环境便于单独控制的优点，但存在面积较为浪费和沟通交流不易的问题；后者具有便于交流和管理、室内布置易调整的优点，但存在空间较浪费和保密性差且相互有一定干扰的问题。

办公室的布置具体又可分为如下五种类型：

（1）小单间办公室的布置

该类办公室面积一般较小，配置设施较少，空间相对封闭，办公环境安静干扰少，但同其他办公组团联系不便。小单间办公室适应独立办公小空间的需要。其典型形式是由走道将大小近似的中小空间结合起来。通常有传统的间隔式小单间办公室和根据需要把大空间重新分隔为若干小单间办公室的类型，如图 10-12、图 10-13 所示。

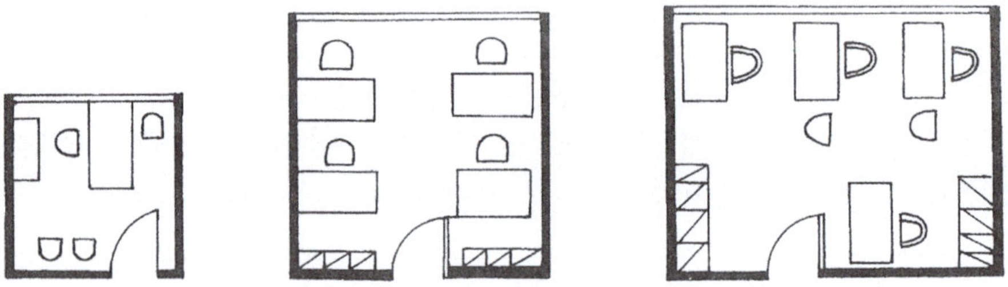

图 10-12 传统间隔式小单间办公室

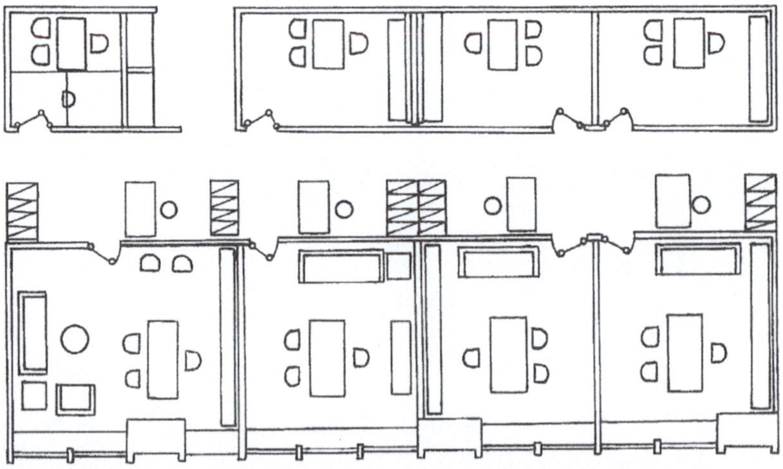

图 10-13 把大空间分隔为若干小单间办公室

（2）中、大型敞开式办公室的布置

该类办公室面积较大，空间大且无封闭分隔。各员工的办公位置根据工作流程组合在一起。各工作单元及办公组团内联系密切利于统一管理，办公设施及设备较为完善，工作效率高，交通面积较少，但同时又存在相互干扰的问题。其布局形式按几何形式整齐排列，如图 10-14 所示。

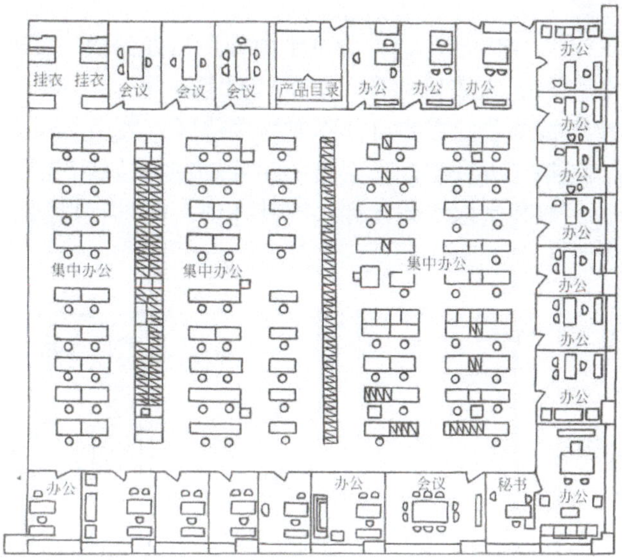

图 10-14 标准敞开办公室平面布置图

（3）景观办公室的布置

该类办公室是由德国人在 1967 年提出并实施的。这种布局方式是基于经济的高速发展、科学技术的成果和现代经营管理模式的推行。其设计理念是注重人与人之间的情感愉悦、创造人际关系的和谐。通过对人的尊重，发挥员工的积极性和创造性，达到进一步提高办公效率的最终目标。

景观办公室的布置根据工作流程、各办公组团的相互关系及员工办公位置的需求，通过由办公设备和活动隔断组成的工作单元并配以绿化等来划分空间的。该类办公室既有较好的私密环境又有整体性、便于联系的特点。整个空间布局灵活，空间环境质量较高，其使用的家具与隔断都采用模数化进行设计，配合管线多点的布置，具备灵活拼装的特点。

从景观办公室的最早出现及发展至今，这种相对集中、有组织的自由的管理模式已被全世界广泛采用，如图 10-15 所示。

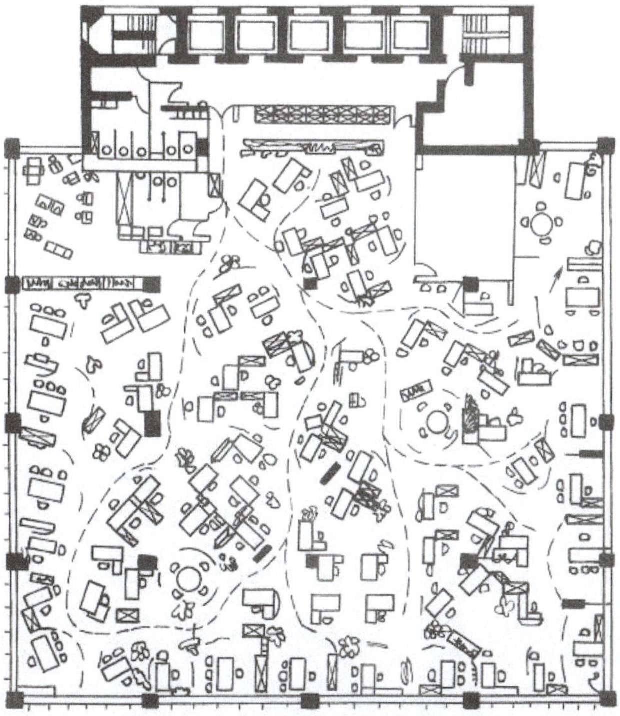

图 10-15 景观办公室平面图

（4）单元型办公室的布置

该类办公室如图 10-16、图 10-17 所示，一般位于商务出租办公楼中，亦可能是以独立的小型办公建筑形式出现（如设计工作室等）。前者除复印、展示等服务空间为公用外，其作为办公空间具有相对独立完整的特点，其室内空间按办公的需要可分隔成为接待区、大小不同的办公区（室）、会议室、贮存室；后者通常自成一体，包括了办公空间所必备的主要功能如接待、洽谈、办公、会议、卫生、茶水、复印、储存、设备等，一般其室内空间设计如同其外观一样具有强烈个性特征，充分体现公司的形象。

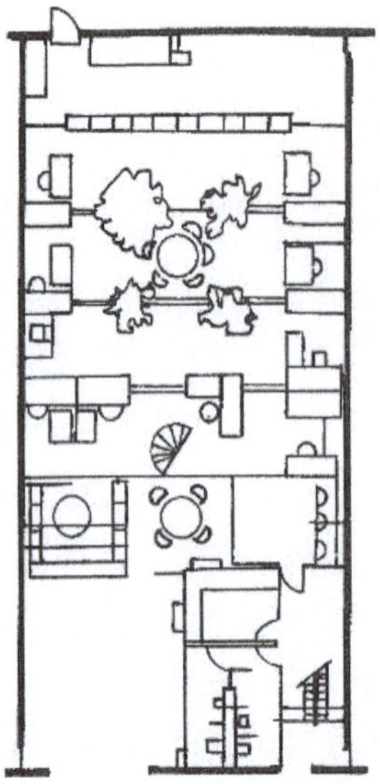

图 10-16　单元型办公室（1）

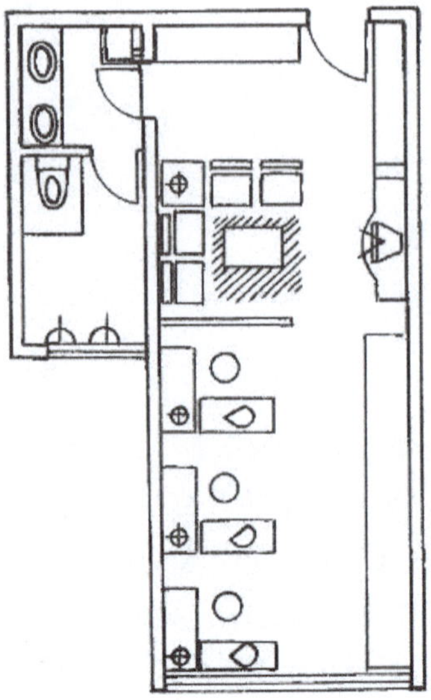

图 10-17　单元型办公室（2）

（5）公寓型办公室的布置

该类办公室是类似公寓单元的办公组合方式。其主要特点是将办公、接待及生活服务设施集中安排在一个独立的单元中。该类办公室具有公寓（居住）及办公（工作）的双重特征。除大小办公、接待会议（起居室）、茶水间（厨房）、卫生间、贮存室还配备有（若干）卧室。其内部空间组合时注意又分又合，强调公共性与私密性关系的良好处理。一般此类办公室位于集中的商住楼中，如图 10-18 所示。

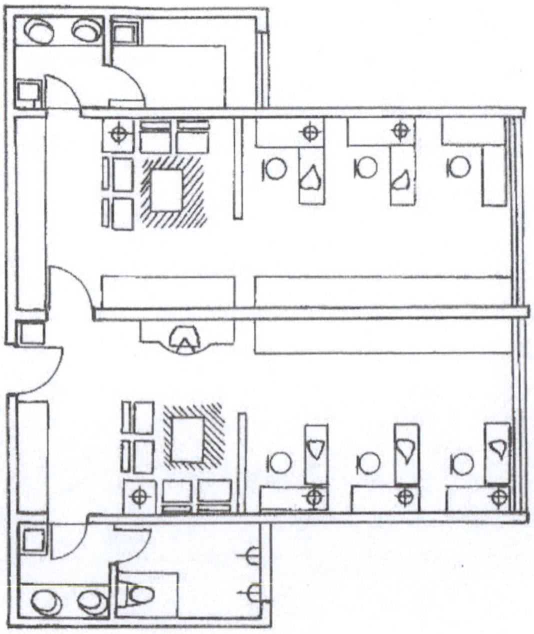

图 10-18　公寓型办公室

2. 办公室的面积使用要求

根据各工作部门及各员工的办公设备、资料架及挂衣架的使用面积和不同部门之间的走道、活动的面积及偶尔来访客人和咨询所需的面积（不包括另设的档案空间、特殊设备、储藏空间、特殊房间等面积和公共主走道等）的要求：可分为如下面积指标来作为设计时的参考。高级主管人员 37~58m^2，初级主管人员 9~19m^2，管理人员 7~9m^2，使用 1.5m 办公桌的工作人员 5m^2，使用 1.4m 办公桌的人员 4.6m^2，使用 1.3m 办公桌的工作人员 4.2m^2。另外当工作人员的办公桌并排排列，每排两桌，如有需要可增加档案柜和桌边椅的位置。使用 L 形的家具作为工作桌可比标准办公桌有更高的工作面，但占有面积以桌宽为标准。

3. 办公室装饰设计的要点

办公室装饰设计旨在创造一个良好的办公室内环境。一个成功的办公室装饰设计，需在室内划分、平面布置、界面处理、采光及照明、色彩的选择、氛围的营造等方面作通盘的考虑。

1）平面的布置应充分考虑家具及设备占有的尺寸、员工使用家具及设备时必要的活动室内尺度、各类办公组合方式所必需的尺寸，如图 10-19 所示。

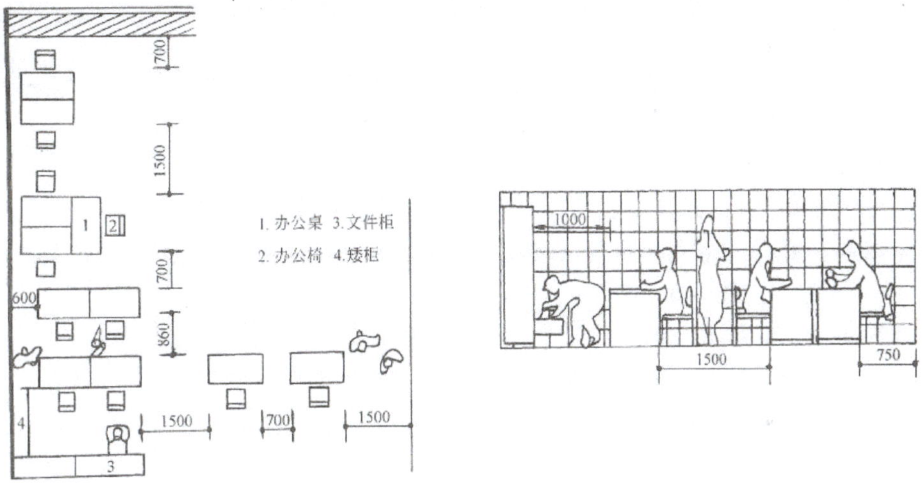

a）平面　　b）立面

图 10-19　办公室家具的间距及交通过道尺寸

2）根据空调使用、人工照明和声音方面的要求及人在空间室内中的心理需求，办公室的室内净高一般宜在 2.4~2.6m 的范围之内。净高（指楼地面到天花底面的高度）。普通办公室净高不低于 2.6m，使用空调的办公室净高不低于 2.4m。智能化的办公室室内净高为甲级 2.7m，乙级为 2.6m，丙级为 2.5m。

3）办公室室内界面处理宜简洁，着重营造空间的宁静气氛，并应考虑到便于各种管线的铺设、更换、维护、连接等需求。隔断屏风选择适宜的高度如需保证空间的连续性，可根据工作单元及办公组团的大小规模来进行合理选择，如图 10-20 所示。

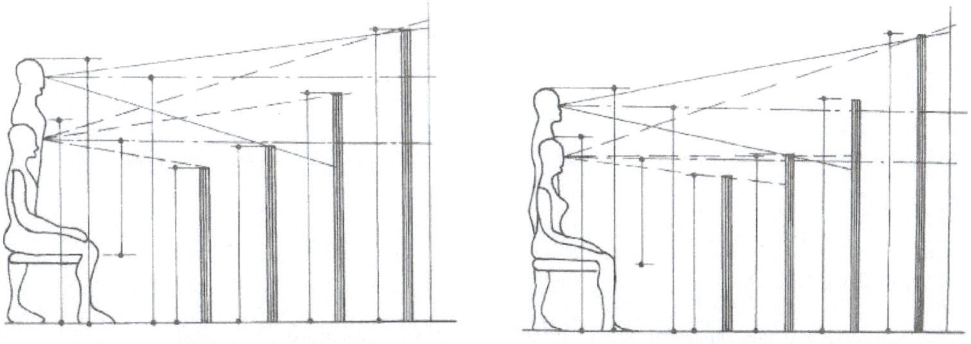

a）适用于男性办公人员　　b）适用于女性办公人员

图 10-20　人体动作状态与办公屏风隔断高度关系

4）办公室的室内色彩设计一般宜淡雅，各界面的材质选择应便于清洁并满足一些特殊的使用要求；办公室的照明一般采用人工照明和混合照明的方式来满足工作的需求，一般照度不应低于100lx。不同的办公空间有着不同的照明要求，通常好的照明条件是既有大面积均匀柔和的背景光又有局部点状的工作辅助照明。

10.2.3 会议室、经理室或主管室

1. 会议室的装饰设计

会议室在现代办公室间中具有举足轻重的地位。在现代公务或商务活动中，召开各种会议是必不可少的。从某种意义上说，会议室是公司形象与实力的集中体现。对于公司内部来讲，则是管理层之间交流的场所之一。会议室的装饰设计首先要从功能出发，满足人们视觉、听觉及舒适度要求。

（1）会议室的类型

1）按空间尺寸，可以把会议室分为小会议室、中大型会议室。

2）按空间类型，可以把会议室分为封闭型会议室和非封闭型会议室。

3）按不同功能要求，可分为普通（功能）会议室和多功能会议室两类。

（2）会议室的平面布置

会议室的布置以简洁、实用、美观为主，会议室布置的中心是会议桌，其形状大多为方形、圆形、矩形、半圆形、三角形、梯形、菱形、六角形、八角形、L形、U形和S形等。

（3）会议室的空间、界面和灯光处理

1）会议室的空间及界面处理。如上所述，会议室由六个围合界面组成了基本的会议空间。在这个空间中，占中心地位的是功能空间，即由会议桌和会议椅组成的会议空间。会议家具的款式和造型往往决定了空间的基本风格，空间界面应围绕这个中心来展开。顶棚的主要作用是提供照明并通过造型来形成虚拟空间，增加向心力。地面一般作为一个完整界面来处理，如有需要也可通过不同材质或利用不同标志来划分各区域。在首长座的背面和正面，一般处理为形象背景，并可安排视听设备。

2）会议室的灯光处理。会议室的灯光具有双重功能。第一，它能提供所需的照明。第二，它还可利用其光和影进行室内空间的二次创造。灯光的形式可以从尖利的小针点到漫无边际的无定形式，我们应该用各种照明装置，在恰当的部位，以生动的光影效果来丰富室内的空间。

2. 经理室或主管室的装饰设计

高级行政人员办公室是主要供企业（单位）高层行政人员使用的办公空间。

（1）功能组成

从功能上考虑，这类办公室包括事务处理、文秘服务、接待及休息，如图10-21所示。

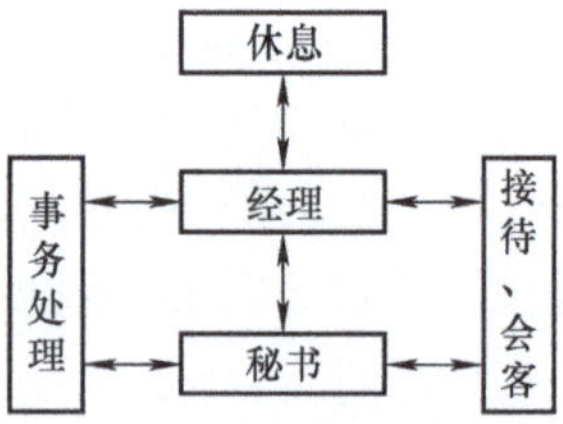

图 10-21 经理室或主管室的功能示意图

1）事务处理空间：主要是进行日常事务办公的区域。家具主要包括办公桌、文件柜、座椅等，设备包括电脑、电话、传真等。办公家具的款式与造型具有其标志性和象征性。不同的办公空间有不同的环境特点，而办公家具常常成为体现其特点的主要形象。另外，办公家具的选用与布置直接影响到办公环境与办事效率。

2）文秘服务：主要辅助经理处理日常事务，如待客、收集资料、准备用车等。布置上可设一单独区域，一般安排在办公室外。

3）接待空间：根据办公室大小单独设置一组家具，借助地毯、顶棚或灯光划分出一个空间，虽然是虚拟的，但具有独自的领域感和独立性。

4）休息空间：可安排一单独休息室，也可利用现有场地灵活处理。

（2）总经理室的装饰设计

1）总经理室的总体布置：结合空间性质和特点组织好空间活动和交通路线，功能区分明确。安排好空间的形式、形状和家具的组、团、排的方式，达到整体和谐的效果。

2）总经理室的家具布置：家具在总经理室所占比重较大，因此家具就成为空间表现的重要角色。在进行家具布置时，除了注意其使用功能外，还要利用各种艺术手段，通过家具的形象来表达某种思想和含义，如图 10-22 所示。

3）总经理办公桌及其配套家具。总经理办公桌在室内处于中心地位，其尺度较大，包括工作活动区，面积约在 7~10m²/ 人。其他辅助家具包括文件柜（橱）、电脑桌、装饰柜（橱）、衣帽柜（橱）等。一般来说柜类家具造型比较简洁、实用性很强。这类柜（橱）在造型手法上往往通过对各点、线、面、棱角的巧妙勾画，创造出独特的风格，如图 10-23 所示。

图 10-22　总经理室的家具布置

图 10-23　总经理办公桌及其配套家具

4）总经理室接待家具。这类家具较多采用沙发及配套茶几等。沙发款式种类繁多，但归根结底不外乎两大类：单人沙发与多人沙发。

（3）其他高级行政人员办公室的装饰设计

其他高级行政人员办公室主要指企业副总经理、各部门部长等上层职员办公室。

这类办公室空间没有总经理室那么宽裕，故在空间安排上较为紧凑。家具常用一体式组合家具，突出其个性。

10.3　专题三：餐饮空间装饰设计

10.3.1　餐饮空间的设计规划

1. 餐饮空间的概念

对于现代主题餐饮空间的设计规划是一种区域的分配与布置，是按经营的定位要求和经营管理的规律来划分的。另外，还要求与环保卫生、防疫、消防及安全等特殊要求来同步考虑。一般来说，主题餐饮空间分两个大区域，即餐饮功能区和制作功能区。餐饮功能区包括：门面和出入功能区、接待和候餐功能区、用餐功能区、配套功能区、服务功能区等。制作功能区包括：消毒间、清洗间、备餐间、活鲜区、点心房等。

2. 餐饮空间的功能分类

（1）餐饮功能区

1）门面和出入功能区：包括外立面、招牌广告、出入口大门、通道等，如图 10-24 所示。

2）接待和候餐功能区：主要是迎接顾客到来和供客人等候、休息的区域。

3）用餐功能区：用餐功能区是餐饮空间的主要重点功能区。

4）配套功能区：配套功能区一般是指餐厅服务的配套设施。

5）服务功能区：服务功能区也是餐饮空间的主要功能区，主要是为顾客提供用餐服务和经营管理的功能。

（2）制作功能区

制作功能区是餐饮空间的主要重点功能区，又是整个餐厅食物出品制作的核心区。主要设备有消毒柜、菜板台、冰柜、点心机、抽油烟机、库房货架、开水器、炉具、餐车、餐具等，如图 10-25 所示。

图 10-24　门面

图 10-25　厨房

10.3.2　餐饮空间的设计内容

1. 主题餐厅设计的内容

主题具厅设计涉及的范围很广，包括餐厅选址、制作流程、餐厅装饰设计、餐厅的设备设计、陈设和装饰等许多方面。

（1）主题餐厅设计的基本内容

1）餐厅外部设计包括：餐厅选址、外观造型设计、标识设计、门面招牌设计、橱窗设计、店外绿化布置、外部灯饰照明设计等。

2）餐厅内部造型设计包括：餐厅室内空间布局设计、餐厅主题风格设计、餐厅主体色彩设计、照明的确定和灯具的选择、家具的配备、选择和摆放等。

（2）主题餐厅设计的应变内容

餐厅设计还有一个重要的环节，便是为餐厅在特定时间或特殊活动发生时进行相应的餐厅设计。常见的有：各式宴会餐厅设计、传统节日餐厅设计、店庆餐厅设计、美食节餐厅设计、主题活动餐厅设计等。

2. 主题餐厅设计的关联学科

做好餐厅的设计必须具备许多方面的知识，例如：

1）餐饮企业经营、管理、服务方面的专业知识。

2）装饰美学类知识。

3）其他相关学科，例如：环境学、心理学、行为科学、民俗学等一系列学科都对餐厅的设计有相应的指导作用。

10.3.3　餐饮空间的设计要点

1. 满足功能的内容设计要点

1）门面出入口功能区是餐厅的第一形象，也称“脸面”，最引人注目，容易给人留下深刻的印象。

2）接待区和候餐功能区是承担迎接顾客、休息等候用餐的“过渡”区功能。一般设在用餐功能区的前面或者附近，面积不适过大，但要精致，设计时要恰如其分，不要过于繁杂，以营造成一个放松、安静、休闲、情趣的候餐环境。

3）用餐功能区是主题餐饮空间的经营主体区，也是顾客到店的目的功能区，是设计的重点，包括餐厅的室内空间的尺度、流畅的分布规划、功能的布置使用、家具的尺寸和环境的舒适等。

4）配套功能区是主题餐饮空间的服务区域，也是主题餐厅档次的象征。主题餐厅的配套设施设计是不应忽视的。

5）服务功能区是主题餐饮空间的主要功能区，主要为顾客提供用餐服务和营业服务的功能。

6）厨房的工作空间非常重要，一般的餐厅制作功能区的面积与营业面积比为 3 ∶ 7 左右为佳。

2. 满足主题内容的设计要点

各类主题餐饮空间的功能性是不同的。就风味餐厅而言，它主要通过提供独特风味的菜品或独特烹调方法的菜品来满足顾客的需要，主要是供应地方特色菜系为多。如风味小吃店、面馆、伊斯兰风味餐厅、日本料理等。它的主题特点是具有浓厚的地方特色和民族性。它的设计要点主要是：

1）以地区特点为设计要点，以突出体现地方特征为宗旨。

2）以文化内涵为设计要点，如广州“潮人食艺”主题餐厅，是一所取意于广东潮汕地区传统的食艺文化的主题餐饮空间。

3）以科技手段为设计要点。随着经济和科技的发展、装饰材料的日新月异，科技在装饰行业的应用也越来越多。

10.3.4 餐饮空间的设计程序

1. 主题餐饮空间的设计程序

1）调查、了解、分析现场情况和投资数额。

2）进行市场的分析研究，做好顾客消费的定位和经营形式的决策。

3）充分考虑并做好原有建筑、空调设备、消防设备、电器设备、照明灯饰、厨房、燃料、环保、后勤等因素与餐厅设计的配合。

4）确定主题风格、表现手法和主体施工材料，根据主题定位进行空间的功能布局，并做出创意设计方案效果图和创意预想图。

5）与业主一起会审、修整、定案。

6）施工图的扩初设计和图纸的制作，如平面图、地坪图、灯位图、立面图、剖面图、大样图、轴测图、效果图、设计说明、五金配件表等。

主题餐饮空间的设计程序可作如下排列：

熟知现场→了解投资→分析经营→考虑因素→决定风格→设计方案图→审核修整→设计表达（平面图、立面图、结构图、效果图、设计说明等）→材料选定→跟进施工→家具选择→装饰陈设→调整完成。

进行餐饮空间设计时，关键是做好目标定位和设计切入两方面的工作。

2. 目标定位

在进行餐饮空间设计时，要以人为中心。在餐厅顾客和设计者之间的关系中，应以顾客为先，而不是设计者纯粹的“自我表现”。如功能、性质、范围、档次、目标，原建筑环境、资金条件以及其他相关因素等，都是必须要考虑的问题。

3. 设计切入

按照定位的要求，进行系统的、有目的的设计切入，从总体计划、构思、联想、决策、实施，发挥设计者的创造能力。

10.3.5 餐饮空间的创意设计

主题餐饮空间的创意设计是餐厅总体形象设计的决定因素，它是由功能需要和形象主题概念而决定的。餐饮功能区是主题餐饮空间中进行创意和艺术处理的重点区域，它的创意设计应体现建筑主题思想，并是装饰设计的延续和深化。

创意设计的关键是设计主题的定位和施工材料的选择和制作技术的配合。

1. 经营形式是主题餐饮空间创意设计定位的关键

内容与形式是辩证统一的关系。在创意设计中，餐厅的内容表现为餐厅功能内在的要素总和，创意设计的形式则是指餐厅内容的存在方式或结构方式，是某一类功能及结构、材料等的共性特征。在创意设计时，应该充分注意内容与形式的统一。

2. 民俗习惯、地区特色是主题餐饮空间创意设计的源泉

不同的民族有着不同的宗教形态、伦理道德和思维观念。主题餐饮空间作为一种空间形态，它不仅

满足着其民族和地区餐饮活动的需要，而且还在长期的历史发展中，逐渐成为一种文化象征。

3. 时代风貌是主题餐饮空间创意设计的生命力

在主题餐饮空间的创意设计中，要考虑满足当代的餐饮文化活动和人们现代行为模式的需要，积极采用新的装饰概念和装饰技术手段，充分体现具有时代精神的价值观和审美观，还要充分考虑历史文化的延续和发展，因地制宜地采用有民族风格和地方特色的创意设计手法，做到时代感与历史文脉并重。

4. 环境因素是主题餐饮空间创意设计的再创造

著名建筑师沙里宁曾将建筑喻为“空间中的空间艺术”。整个环境是个大空间，主题餐饮空间是处于其间的小空间，二者之间有着极为密切的依存关系。主题餐饮空间的环境包括有形环境和无形环境，有形环境又包括绿化环境、水体环境、艺术环境等自然环境和建筑景观等人工环境，无形环境主要指人文环境，包括历史、文化和社会、政治因素等。

5. 装饰材料和施工技术是主题餐饮空间创意设计的前提条件

由创意构思变为现实的主题餐饮空间，必须要有可供选用的装饰材料和可操作的施工技术。没有两者作为前提条件的保障，所有的创意构思就只是一纸空文、纸上谈兵。现代材料和结构技术的出现才使得超大跨度建筑空间的实现成为可能。

10.4 专题四：旅游建筑装饰设计

10.4.1 旅馆建筑装饰设计

旅馆建筑包括酒店、饭店、宾馆、度假村等。旅馆建筑常以环境优美、交通方便、服务周到、风格独特而吸引四方游客，对室内装修也因条件不同而各异（图 10-26）。特别在反映民族特色、地方风格、乡土情调、现代化设施等方面，设计师予以精心考虑——使游人在旅游期间，在满足舒适生活要求外，了解乡土人情，扩大视野，增加新鲜知识，从而达到丰富生活、调剂生活的目的，赋予旅游活动游憩性、知识性、健康性等内涵。

图 10-26 旅馆空间

10.4.2 旅馆的特点

旅馆的服务对象——旅客虽来自四面八方，有不同的要求和目的，但作为外出旅游的共同心态，常是一致的，一般体现在以下四个方面：

1）向往新事物的心态。

2）向往自然，调节紧张心理的心态。

3）向往增进知识，开阔眼界的心态。

4）怀旧感和乡情观念。

10.4.3 旅馆建筑装饰设计

根据旅客的特殊心态，旅馆建筑装饰设计应特别强调下列五点：

1）充分反映当地自然和人文特色。

2）重视民族风格、乡土文化的表现。

3）创造返璞归真、回归自然的环境。

4）建立充满人情味以及思古幽情的情调。

5）创建能留下深刻记忆的难忘的建筑品格。

10.4.4 旅馆大堂的装饰设计

旅馆大堂是前厅部的主要厅室，它常和门厅直接联系，一般设在底层，也有设在二层的，或和门厅合二为一。大堂内部主要有：

1）总服务台，一般设在入口附近，且大堂较明显的地方，使旅客入厅就能看到，总台的主要设备有：房间状况控制者，留言及锁钥存放架、保险箱、资料架等。

2）大堂副经理办公桌，布置在大堂一角，以处理前厅业务。

3）休息区应作为接待旅客进店、结账、休息之用，常选择方便登记、不受干扰等良好的环境。

4）有关于旅馆的业务内容、位置等标牌，宣传资料的设施。

5）供应酒水的小卖部，有时应和休息区结合布置。

6）钢琴或其他的娱乐设施。

大堂是旅客获得第一印象和最后印象主要场所，是旅馆的窗口，为旅客集中和必经之地，因此大多旅馆均把它视为室内装饰的重点，集空间、家具、陈设、绿化、照明、材料等精华于一厅。大堂设计除上述功能安排外，在空间上，宜比一般厅堂在高大开敞，以显示其建筑的核心作用，并留有一定的墙面作为重点装饰之用（如绘画、浮雕等），在材料选择上，高档天然材料、石材又起到庄重、华贵的作用，高级木装修显得亲切、温馨，至于不锈钢、镜面玻璃等也有所用，但应避免商业气息过重，因为这些材料在商店中已有广泛使用。大堂地面常用花岗石，局部休息处可考虑地毯、墙柱面可以与地面统一，如花岗石，有时也用涂料。顶棚一般用石膏板和大理石或高级木装修（图 10-27~ 图 10-29）。

图 10-27　旅馆大堂空间

图 10-28　旅馆餐饮空间

图 10-29　旅馆卫生间

10.5　公装空间装饰设计实训

1. 题目：中国银行某市分行行长办公室设计。

具体要求：

绘制平面布置图。

绘制透视表现草图。

工程概况：层高 4500mm，墙厚 240mm，框架结构（图 10-30）。框架柱尺寸 500mm × 500mm。

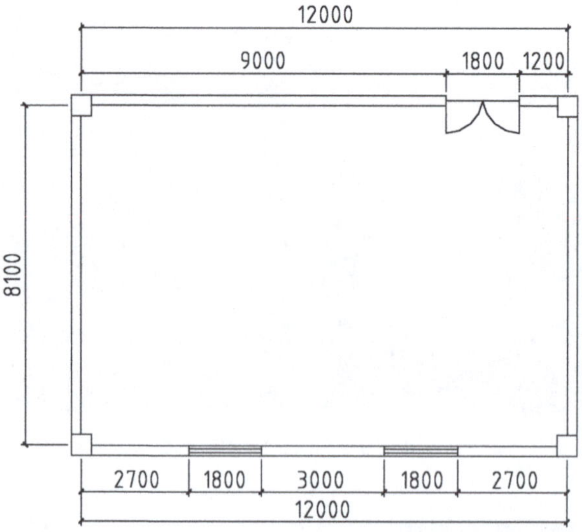

图 10-30　行长办公室平面图

2. 可根据授课老师安排，自拟实训题目。

参考文献 | REFERENCE

[1] 毛利群．建筑设计基础 [M]. 上海：上海交通大学出版社，2015.
[2] 冯炜．建筑设计基础 [M]. 上海：上海人民美术出版社，2015.
[3] 蔡惠芳．建筑初步 [M].2 版 . 北京：中国建筑工业出版社，2015.
[4] 陈冠宏，孙晓波．建筑设计基础 [M]. 北京：中国水利水电出版社，2013.
[5] 李延龄．建筑设计原理 [M]. 北京：中国建筑工业出版社，2011.
[6] 张青萍．建筑设计基础 [M]. 北京：中国林业出版社，2009.
[7] 赫茨伯格．建筑学教程 1：设计原理 [M]. 天津：天津大学出版社，2015.
[8] 赫茨伯格．建筑学教程 2：空间与建筑师 [M]. 天津：天津大学出版社，2017.